素书新视角

千面 江上·著

自序 唤醒中国精神，让中国文化生活化

什么是文化？都说中华文化上下五千年，但是又有人说中华文化是落后的，不如西方文化自由、民主；中国人活得太累，中国人被深深禁锢，中华传统文化是糟粕。提起传统文化，很多人似乎少了底气。

我在灵魂深处不禁发出疑问，这样一个被打上"腐朽、落后、封建"标签的文化，背后到底有什么秘密？为什么中华文明能够传承几千年？普通老百姓是老祖宗传下什么就学什么，这样的传承到底有无意义？

生于20世纪七八十年代的人，如今上有老下有小，早就被生活磨去了棱角。我们这辈子到底是来干什么的？传宗接代吗？未来的几十年，我们该何去何从？下一代将会如何？

有人会问，你们是搞传统文化研究的？不是，我们不是这方面的专家学者。但是，这不妨碍普通人也去探索自己的根到底在哪里。

我们也曾被生活困扰，也曾不甘于平凡，在寻求答案的过程中，不知不觉就走上了这条路，就像是命运使然。当初的原因早已不重要，最终被我们的文化打动是真的。

成长是近几年来被频繁提及的一个词。成长本应是积极向上的，但越来越多的人把它和成功画上等号，把它和搞钱关联到一起。这是可怕的！有些商业界人士打着"人生导师"的旗号教授知识，却没有能力传授智慧。

我们因寻根而相识，从心理学到中华文化，什么有用我们学什么。曾经有多少次，我们以为找到了根，但那些所谓"心灵导师"的结局又让我们明白，那不是我们寻找的大道，他们所讲的理论更不是人生智慧。终于，我们还是在中华文化中找到了答案。

与其说是自己的价值观被改变，不如说是中华文化原本就根植于我们内心深处。它只是在寻找的过程中，终于被看见了。那一刻，我们被唤醒了！那是一种什么感觉呢？

如果把中华文化比喻成母亲，我们就是过去不理解母爱的那个人。许多人不懂母爱，说母爱是灾难。但是，当一个少年经历了风霜，经历了磨难，回过头，发现母亲一直守护在那里。那一瞬间，会因感受到母爱而泪流满面。当与母亲的心连接在一起，我们终于看清母亲行为和言语背后的密码，也终于弄清，为什么要有民族伟大复兴的中国梦。

比如，什么是礼教？你大脑中是不是第一时间浮现出鲁迅先生那句"吃人的礼教"？吃人的不是礼教，是不懂礼教核心的人。同样一件事情，强迫你去做，你会觉得是压迫；如果我告诉你原因呢？就像婚姻，若懂得婚姻之道，纵使包办，彼此也可成为知己，成就一段佳话；如若不懂，即使自由恋爱，最后有几个好结果？

礼，蕴含着多少心理学和物理学的原理？儒家文化为什么可以传承几千年，影响几千年？什么是良知？道德的密码又是什么？我们的民族到底是一个什么样的民族？

在研究传统文化的过程中，越来越感觉到，所有的书都是一本书，叫"智慧"。每本书看似不同，说的却是同样的道理。比如仁爱、慈悲心、知行合一，内核都一样。你不信没关系，我们就从《素书》开始。

相传，张良得此书，辅佐刘邦成就霸业。《素书》实乃治世之指蒙、治人之密钥。但是，很多人翻开这部书，觉得这不就是心灵鸡汤吗？我们不去评论任何一位专家学者的观点，只是从自己的视角去看这部书，故本书取名为《〈素书〉新视角》。

我想，除了《素书》的原作者黄石公能诠释清楚，其他任何解读都可能出现偏差。我更认同孟子说的"尽信书，不如无书"和莎士比亚所言"一千个读者就有一千个哈姆雷特"。我们不妨确立这样一个读书标准：获取智慧，让生活变得更美好；只要能为你所用，就是开卷有益。

经典蕴含着深厚的哲理、丰富的精神，却往往晦涩难懂，距离老百姓太远。"夫道德仁义礼，五者一体也。道者，人之所蹈，使万物不知其所由。德者，人之所得，使万物各得其所欲。仁者，人之所亲，有慈惠恻隐之心，以遂其生成。义者，人之所宜，赏善罚恶，以立功立事。礼者，人之所履，夙兴夜寐，以成人伦之序。夫欲为人之本，不可无一焉。"（《素书·原始章第一》）这些看起来玄之又玄的内容，很难引起老百姓共鸣。

回归本源，任何知识都是为生活服务的。我希望这是一部普通老百姓都能看懂的书，看到后是"哇，原来是这个意思"的感觉。通俗易懂才能传播，传播广泛才能传承，大家才知道我们的民族原来这么有底蕴，我们的祖宗原来这么有智慧。

用生活化的语言重新解读经典，让人听得懂、听得进，唤醒其内心深处"仁义礼智信，温良恭俭让"的精神，吹散遮蔽人心的乌云，这是勇敢的尝试和巨大的挑战。

如果我们的解读和你认为的相差甚远，不妨在某种程度上把它当成新书。毕竟，《素书》是黄石公的，但《〈素书〉新视角》是我们自己的解读。我们仅代表我们这个时代的人，给出我们的看法。如果我们的见解对你有用，这就是本书的价值。

目 录

自序 唤醒中国精神，让中国文化生活化 // 001

第一章 从 0 到 1 的秘密 // 1

一、第一层：道，大道至简 // 3

二、第二层：德，环境的产物 // 9

三、第三层：仁，原来是知行合一 // 15

四、第四层：义，从自我管理到管理群众 // 20

五、第五层：礼，文化传承的最高机密 // 25

第二章 影响力裂变 // 31

一、正道：影响力的秘密 // 32

二、影响力的底层逻辑：德、信、义 // 36

三、影响力达到 1000 人的标准 // 50

四、影响力达到 100 人的标准 // 52

五、影响生命中最重要的 10 个人 // 57

第三章 人性的根源 // 63

一、双面人性 // 63

二、空杯心态 // 64

三、中国文化中的神仙思维 // 66

四、出淤泥而不染 // 68

五、选择的力量 // 69

六、影响力的本质 // 74

七、修身的秘密 // 76

八、君子的本质 // 77

九、潜龙勿用 // 78

十、遇见贵人 // 79

十一、接纳的本质 // 82

十二、天赋的秘密 // 83

十三、停止的力量 // 84

十四、众妙之门 // 85

十五、神机妙算 // 87

十六、出奇制胜 // 88

十七、最高境界 // 89

十八、专注的本质 // 90

十九、从一而终 // 91

第四章 知行合一就是"神" // 93

一、致良知 // 94

二、长期主义 // 97

三、情绪价值 // 99

四、成为"头部" // 102

五、最舒服的距离 // 104

六、神明境界 // 106

七、做个明白人 // 108

八、降维打击 // 112

九、激光思维 // 113

十、苦难的根源 // 115

十一、真正的活法 // 117

十二、永生的力量 // 118

十三、负面情绪 // 123

十四、自己的伯乐 // 125

十五、相信的力量 // 126

十六、失败的根源 // 128

第五章 人人都须遵循的管理法则 // 130

一、潜意识之门 // 132

二、管理本性 // 142

三、功劳要分 // 148

四、利他无忧 // 153

五、赏罚的尺度 // 161

第六章 千年文化传承的机密 // 166

一、循规蹈矩的天机 // 167

二、礼的核心：安全感 // 170

三、管理就是养根 // 178

四、同频的天机 // 180

第七章 终极管理秘密 // 187

第八章 《素书》心法：龙文化 // 192

附 张商英《素书》原序 // 202

后 记 // 204

第一章　从0到1的秘密

原始章第一

夫道德仁义礼，五者一体也。道者，人之所蹈，使万物不知其所由。德者，人之所得，使万物各得其所欲。仁者，人之所亲，有慈惠恻隐之心，以遂其生成。义者，人之所宜，赏善罚恶，以立功立事。礼者，人之所履，夙兴夜寐，以成人伦之序。夫欲为人之本，不可无一焉。贤人君子，明于盛衰之道，通乎成败之数，审乎治乱之势，达乎去就之理。故潜居抱道，以待其时。若时至而行，则能极人臣之位；得机而动，则能成绝代之功。如其不遇，没身而已。是以其道足高，而名重于后代。

《素书》真有这么厉害吗？当你翻开《素书》，看完译文，一定会发出这样的疑问。

能不能指点江山先放一边。毕竟，修身、齐家、治国、平天下，修身排在第一位，可以理解为从 0 到 1。《素书》简直给我们指明了一条明确清晰的个人成长路线。也就是说，你要齐家、治国、平天下，首先要修身。

道德仁义礼，很多人一听，又是让人烦不胜烦的大道理。听得懂，但能不能做到就不一定。如果你认为是大道理，大概率是没有看懂；看懂了，会感到如获至宝，而不是打上"大道理"的标签，将老祖宗留给我们的文化瑰宝束之高阁。

《素书》是部奇书，涵盖了儒家、道家等多家思想，怎么会只是不落实处的大道理？道德仁义礼，到底是什么关系？历经几千年，至今都有影响力，而你为什么用不出来？

夫道德仁义礼，五者一体也。

我们换一个视角。道德仁义礼，五位一体，层层递进，而不是单独地谈道，或者德，或者义。如果单纯地把五元素当成一种品质去谈论，《素书》就失去了灵魂。就像鸡汤再好喝，也不能代替主食。

从人的整个成长来看，我们会发现，五元素就是每一关的核心要点。只要做到这个核心要点，一个人在短短几个月内就会突飞猛进。这不是我臆想出来的，先听我讲。

这五个元素构成一个完整闭环，从道开始，不能颠倒顺序。颠倒顺序出现的问题，在后面的章节，黄石公也会给出明确提示。

图1.1　个人成长路线

一、第一层：道，大道至简

  道者，人之所蹈，使万物不知其所由。

  为什么说大道至简？因为这个层面重点就一个：位置关系。

  这些年人们频繁提到一个词：认知。什么是认知？就是对客观世界全面的认识。用中国文化特有的一个元素称之，也叫"道"。什么是"道"？简单来说，即客观世界、客观规律。也可以理解为，除了你自己以外的一切元素，比如大自然是怎么运行的、别人的想法是什么。

  去一个地方，要有明确的方向。只不过有些人是步行去，有些人是坐车去。起点高的人可能刚出生就知道方向，没有浪费时间；刚出生就知道这个道理，然后践行。我们可以将其理解为"家教"或者"传承"。比如经商世家，小孩子耳濡目染，明白一些经商的道；官宦世家，多多少少明白一些官场上的法则。这些认知都属于"道"。

不管你是看了别人的攻略，还是自己摸着石头过河，方向要对，做什么都要遵循这个基本原则；否则，难免会走很多弯路。

人和大自然实际上共用一个系统。比如，地球绕着太阳转，月球绕着地球转，这是常识，也是公理。每一颗星球必须按照既定的轨道运行，有自己的位置，也有自己运转的核心；否则，就会乱套。这是大自然的系统。

仔细想想，人也一样。有句话叫"不在其位，不谋其政"，当一个人能够摆正自己的位置，找到自己的任务核心，做事情能够抓住核心点，人生的难题至少可以减少80%。从这个角度来看，你还觉得"道"很难理解吗？

人和大自然的基础运作模式实际上是一样的。马克思主义哲学讲了主要矛盾和次要矛盾的关系，位置关系就是主要矛盾，其他都属于次要矛盾，不会对人生主线造成太大影响。而在银河系，如果太阳和地球的位置换一换，或者把运行速度调整一下，会怎么样？

很多人参禅论道，却连最基本的位置关系都搞不清楚，知识越多越痛苦。不说别的，就说我那些社群。六七千人，有学识的很多，但是很痛苦，为什么？因为不懂得位置关系的重要性。每个人都有自己的位置，如果位置不对，总操心不该操心的事，就会很痛苦。对应到职场，就会觉得怀才不遇。

有些刚毕业的大学生，他们能看到公司各种问题。最有名的就是某公司"万言书"事件，一位大学毕业生刚被招进来，就针对公司的经营战略问题，给总裁写了一封慷慨激昂的"万言书"，还列举了他在试用期间发现公司存在的种种问题，有推诿扯皮、流程缺陷，等等。总裁批复："此人假如有精神病，建议他去医院治疗；如果没病，建议董事会辞退。"

这就是典型的没摆正自己的位置。小到公司，大到国家，有哪些问题，管理层心里没数？只不过有些问题，没到解决的时机而已。

我家村头的二大爷，喝点儿酒，就开始谈论国家大事，不是这个问题就是那个问题。你操心这个，除了给自己增添烦恼，解决不了任何问题，只会制造矛盾。同样道理，职场上先站好自己的位置，再谈发展。

有人会说，你这么想很自私。这不是自私。人生路没有对错之分，但是一定有走或不走弯路之分。你可以提要求，可以活得随心所欲，就像那个大学生一样。但那样做，可能不是在解决问题，而是在制造新的问题。思维模式不改变，眼里全是公司的漏洞，换多少家公司都一样，直到撞得头破血流。

这就是道的层面。以同心圆为喻，首先找到自己的圆，固定下来，再去不断扩大半径。当你不断成长，半径越来越大，你就会成为别人的同心圆，这叫影响力。很多人压根儿不懂影响力到底怎么来的，就去打造什么个人IP。人的影响力不是一些证书包装出来的。个人IP，首先不是你个人的定位，因为你会发现自己太无知，对这个世界认知不全面，对自己了解不够。人的定位，一定是在不断摸索的过程中慢慢清晰的。

就像我来解读《素书》，我的个人 IP 是在讲课这个过程中慢慢形成的。一开始，只是因为一部书弄一个社群，没想到，一下子搞出了几千人的社群。我并没有声明自己的定位和身份，就连账号签名也只是"解读《遥远的救世主》"。我是依托这个平台，把它当成自己的同心圆，去发展自己的影响力。没有这个平台，你想想自己能做什么？

有意思的是，最近这些年，很多人的思维都是不要靠别人，要靠自己。你真的是靠自己吗？没有父母，你靠自己把自己养大？没有国家，你靠自己获得稳定的大环境？拿改变命运这件事来说，在中国，你可以通过高考、创业来改变自己的命运。那换一个国度呢？

印度的种姓制度你了解多少？之前有个新闻，一名印度女孩自小被欧洲有钱人家收养，长大后回国，要给自己出生的村子捐钱。等她回村时，村里人专门为女孩修了一条路。

故事感人吧？我说说故事里的故事，你就不会这么认为了。原来，女孩是达利特人，即所谓的"贱民"，位于印度种姓排序的最底层，被视为"不可接触者"。在其他种姓人眼中，别说和达利特人交往，就算是看见他们，都被认为不吉利。因此，女孩没有资格走大路进村；否则，整条路都会被她"污染"。但平常留给"贱民"的土路，又实在太不好看，毕竟人家是来搞慈善的。于是，村里的长老商定，紧急筹钱修条路给她专用。

曾仕强教授说过一句话："你能够成为中国人，是几辈子才修来的。"这真不是开玩笑！春秋战国时期，诸子百家就奠定了我们特有的文化基础，让我们一出生起点就很高。所以，不用去羡慕西方国家。我们这个国家的文化底蕴，普通人不了解有多么深厚！每个国家文化不同，赋予的价值不同，不能一刀切，就觉得所谓的自由很好，有钱很好。

中国人的独立，是建立在原生家庭的基础上。说到这里，又有人和我杠："原生家庭的伤痛要用一生来治愈。"你想到的都是原生家庭的不好。不靠家里人，你的成功真的只靠你自己吗？你的性格，你的特质，哪样不是父母给的？哪个是脱离原生家庭凭空生出来的？一个家庭，父母就是你的同心圆，无论承不承认，无形中他们都给予你一些永远抹不掉的品质。你的优秀不可能仅是自己努力的结果。《都挺好》中的苏明玉很讨厌她母亲，靠自己成长为公司的顶梁柱，但凡事靠自己这个性格难道不是和她母亲一样吗？

老子在《道德经》中多次提到婴儿，认为婴儿最符合道。婴儿的内心没有评判，围绕自己的父母，饿了就会哭，开心就会笑。所以，你真的搞懂这个位置关系，懂得向自己的同心圆借力，就会很快成长起来。你能说婴儿是等、靠、要吗？

再延伸到家庭关系的处理，比如夫妻关系、婆媳关系、亲子关系。那么多的矛盾，很多人归结为没钱所致。你自己品品，其实，基本上都是位置关系处理不当造成的。

所以，人生第一堂课就是找到自己的位置，清楚地认知自己不是单独的个体。找到位置就是最大的认知，也是最简单的道理。想一想，你真的需要那么多知识吗？电影《阿甘正传》中的阿甘智商高吗？他的认知就是"听别人的"。知识和智慧是两码事。

摆正位置关系不是让你违背原则，更不是让你失去自我，而是"背靠大树好乘凉"。什么是"道"？就是不能违背的原则。前面提到的那个大学生，他眼里都是自己，他的问题是太自我。

现在，大家应该理解什么是"道"的核心了吧？如果能够理解位置关系的同心圆理论，第一关你就过了。左摇右摆，总想越位或者靠自己，整个大自然、全宇宙都遵循的规律，你偏要挑战一下，那基本上没法成长。这是第一层："道"的核心就是找到位置，知道自己是谁。

黄石公说："道者，人之所蹈，使万物不知其所由。"所有人都遵循宇宙万物的规律，这种规律主宰着我们。但是，我们不知道它到底从哪里来。这里的"不知"还可以理解成另外一层意思：不知不觉。我们在"道"中不知不觉被改变，我们在环境中不知不觉被改变，但是，我们并不知道自己被改变了。

比如玩游戏。游戏分为两种，一种是能量透支型，类似于爆火的"羊了个羊"。"羊了个羊"是利用人性的不甘心，"这么简单居然过不了"。但是这种游戏，熬几夜就不想再玩，因为身体受不了。一种是养成型。像网游，开局很简单，你什么时候玩都可以，看着自己从小兵变成将军，再变成国王，征战四方。这种就是你在不知不觉中被改变了，并且随着级别越高，你的能量就越高。

适合我们的，应该是第二种，养成型，不知不觉中被改变。能量和时间堆积出来的东西，不那么容易被摧毁。但如果你走的是能量透支型路线，比如"21日铁血训练"，你想想，自己能不能真正改变？怕是看到这个题目就吓跑了。

当你找到自己的道，马上就要进入下一阶段。有人说，我就是不愿意围绕着领导转；讲曲意逢迎的话就是拍马屁，我就是说不出口；我在家里就是想当老大，由我说了算；我就是想管管别人的闲事，怎么办？为什么知道但做不到？就是因为你一直停留在第一层的认知，没有进入下一阶段：修德。

二、第二层：德，环境的产物

> 德者，人之所得，使万物各得其所欲。

"德"是什么？如果单纯地理解为道德品质，那是对德的误解。很多人看不懂《道德经》也是这个原因。这里的"德"，泛指无形的力量，比如环境、时间。这个无形的力量，需要一个叫能量的东西去推动。听起来是不是很抽象？我们也可以理解为力量感，推动你做这件事的力量。

在职场，有时候低个头退一步，就能获得领导的支持，但你就认为自己是性格原因，知道这个道理就是做不到。和珅擅长拍马屁，乾隆很喜欢，但是纪晓岚就做不到。两人对于人性的认知是不一样的。纪晓岚的认知是：你是皇帝，你是天下之主、一国之君。而在和珅眼里，乾隆是一个普通人，而不是圣人。和珅把乾隆当成一个普通人看，自然就知道乾隆有每个人都有的人性弱点。不同的价值观造就了不同的思维模式，思维模式决定行为模式。

乾隆说纪晓岚"读书多而不明理"，要知道，纪晓岚可比和珅大二十多岁。纪晓岚为什么没有和珅升迁快？或许就是因为纪晓岚一直停留在上一个层面，也就是认知层面，而没有发展"德"这个层面。知识和智慧根本就不是一回事。

问题来了，如何才能获得"德"这个能量呢？有人说靠积累，这个回答没错。从小到大，我们都不断强调"水滴石穿"，卖油翁"惟手熟尔"，从新手到大师需要时间，需要刻意练习。但是，静不下心啊！别说数十年如一日的练习，坚持每天阅读恐怕都是一件很难的事情。

怎么办呢？《乌合之众》这本书给出了一个非常具有参考价值的方法，就是利用群体获得力量。利用环境的力量，人是环境的产物。

很多人压根不会重视这本书，因为他们看完，得出的结论是：人在群体中智商会下降。有人说："我只能保持清醒，尽量不去人多的地方。"但是，你有没有想过，通常做不成一件事，就是因为你所谓的认知在搞鬼。通俗地讲，太有自己的想法，你的想法甚至不符合客观规律，但是你固执己见。

很多人为什么做不到王阳明说的知行合一？因为要做到知行合一，还有一个条件，就是"致良知"。"良知"是什么？"良知"之说源于《孟子》，指"不虑而知"的天赋道德观念。那"不虑而知"是怎么做到的？是潜移默化，是环境推动，是不知不觉，即荣格所说的潜意识。

你根植的土壤决定了你拥有的环境是什么，你良知的种子决定了你开花结果获取的能量是什么。

如果还不懂，我再举一个例子。很多人都知道早起可以更有效地利用时间，但是闹钟响了八百六十回，就是起不来；想要读书，收藏一大堆书单，或者买一堆书，结果到了年末，塑封都没有拆开。这种情况，该怎么办？

答案是：利用群体的力量创造一个环境。这叫作无中生有，利用环境约束自己，你只要执行就可以了。就像我的圈子里每周读一本书、看一部电影，每周开一次圆桌会议，很多人都坚持下来了。这比我给他们上课有用，也比打鸡血有用，因为这是利用大环境降低智商，提高执行力。

"降低智商"，你以为这是在侮辱人吗？很多时候事情做不成，就是因为智商太高，太聪明了。认知太高，就无法行动，生活中太多的聪明人过得不好。现在看看，"乌合之众"的力量是好还是不好？看书要看把智慧用到哪里。

所以，读书这个行动力是怎么起来的？是不是因为环境？环境带来的是什么？有句话说："物以类聚，人以群分。"不要把这句话当成大道理，这句话是很有用的方法论——你要找到属于你自己的环境，这个环境里的人和你同频，你就能获取能量。大多数人知道但做不到，就是没有获取能量的渠道。

因此，这个"德"不是单纯地理解为道德规范，而是能量。充分利用环境的力量，找到符合自己频率的环境，自然就能知道"吸引力法则"是怎么回事，量子纠缠为什么会成为科学。

很多人无论学《道德经》还是王阳明，都突破不了困境，一定要认清，阻碍你发展的是这个无形的能量。这个能量看不见，但看不见不代表不存在。老子说，只能将其勉强描述为"无"的样子。

人是环境的产物，但凡消耗自己的意志力去做的事情，一般都不长久。你要减肥，天天和胖子在一起不容易瘦下来，勉强瘦下来也可能反弹。原生家庭模式为什么难以改变？因为你在这个环境下生活了几十年。这个环境给你的能量可能是正的，也可能是负的，你很难改变。

我们要重新理解，"德"是自然而然的状态。"道"是认知，是万物初始，是通用法则；"德"是能量，是更具体的"道"，理解为升级版的"道"也没有问题。所以，成长的第二阶段，是修自己的德。修德的方式有很多，最快的一种就是利用环境。

中国文化传承几千年，为什么我们跌倒了还能够重新站起来？民族团结的力量从哪里来？在电视剧《觉醒年代》中，狂儒辜鸿铭以一篇《论中国人的精神》，成为中国文化自信第一人。中国人的精神是什么？温良恭俭让。这些品质无形中形成一种潜移默化的能量。

包括第五元素"礼",本质上都是在打造环境。所以,中国文化才是真正的知行合一,我们是一个懂得利用环境力量的民族。

生活中认知高的人,如果没有现实结果做匹配,有人愿意接近他吗?天天发朋友圈高谈阔论,现实中连基本的物质保障都没有,那没人瞧得起你。因为你没有脚踏实地去践行你说的"道",连朋友圈都没人愿意给你点赞,只能自娱自乐。

问一个有意思的问题:羊和狼,哪个更厉害?从个体力量的角度,肯定是狼更厉害,但如果是待在羊群中的狼,就不能贸然伸出爪子。一伸爪子,羊就跑了。生活中很多满腹才华的人,为什么混得不好?因为总想证明自己是狼,却忽略了环境之手。

"道"和"德"两个层面,大自然当中的动物做得非常好。豹孩的故事大家听过吗?1920年7月,豹孩的故事第一次刊登在《孟买自然历史协会》杂志上。大约1912年,在印度阿萨姆邦附近的北卡查尔山上丢失一名男婴,可能被附近森林里的母豹叼走了。之后的三年,人们一直在寻找他。当他再次出现时,仿佛化身为一只真正的豹子,奔跑的速度是任何经过专业训练的运动员都没办法做到的。

我把人和动物相提并论,你还别不服气。在以上两个层面,人真的不如动物做得好。大自然当中的任何生物都是我们学习的对象,因为智慧无处不在,并不是人类的特权。

我们经常听到博士生毕业给小学学历的老板打工,为什么知识没有改变命运?小学学历为什么能当老板?我举这个例子,不是否定学历,而是说知识和学历不等于智慧。很多人学识高,但是行动力差；而那些学历不高却有所成就的，学识可能不高，但是智慧一点儿都不少。智慧就是执行力，他们敢把想法付诸实践。

豹孩跑得快的真正原因是没有太多认知。我反复提及《阿甘正传》，阿甘能成功也是这个原因。很多高学历的人生活不如意，是因为他的认知形成了自己的主观世界。我再次强调，知识不等于力量，智慧才等于力量。

黄石公说："德者，人之所得，使万物各得其所欲。""德"是得到的秘密。只要解开这个秘密，万物都能满足自己的欲望，我们也就洞悉了是什么推动"道"的发展。

这时候再看，是不是很多人第一层都脱离不了，更别说第二层？

当把"道"和"德"两个层面都做到，才有资格进入"仁"的层面。也就是了解大自然的属性，把原始的力量发挥出来，自然而然进入仁的状态。

有些人活得"人不人鬼不鬼"，就是因为五个元素错位。后面的篇章我会解释，你面临的几乎所有人生困境都是由于这五个元素的错位。

"仁"这个层面是人才有的状态。我为什么花大量篇幅去讲"道"和"德"两个层面？就是因为大多数人都死死卡在这两层。很多人活得拧巴，事事不如意，是因为这两层没有修好，就强迫自己进入"仁"的层面。

三、第三层：仁，原来是知行合一

> 仁者，人之所亲，有慈惠恻隐之心，以遂其生成。

"仁"，怎么理解？总有人理解成仁爱，一种美好的品德。其实，仁不仅仅是一种品质，还是一种状态，就像佛家说的慈悲心。那么，如何才能自然而然地做到"仁"呢？

我经常说，读书越多，越发现自己读的是一本书。很多人学完《素书》，再去看王阳明，怎么看都有儒家的影子；看《道德经》，也和《素书》很像。世间的道理都相通，只有把一个体系搞清楚，才是真正会读书。如果没搞清楚，就只是一本又一本用数量来自我感动而已。

你有认知，你属于大自然，你找准了位置，这是上道。你有能量支撑，天地体系都归你所有。脱离了动物属性，你自然拥有人类才有的特质，你的思想和情感完美融合到一起，这叫"仁"。因此，到达第三个层面可以理解为"进化论"。一个人身心合一才具备灵性。

拿做慈善来说，但凡脱离发心的慈善都不会有好结果，但凡脱离"道"的能量就是打鸡血。发心和"道"的能量相辅相成，双向驱动，然后就进化成人，拥有自然而然的"仁"的状态，即慈悲心。所以，不要强迫自己去做善事，要知道发心才是有效的，才是自然的状态。

那么，什么是发心呢？有些人做慈善，是不是被骂作秀？"慈善"这个词，本义是慈悲的善举，不图名不图利。那些捐款写着无名氏的人，是不是值得赞扬？因为他们真的不图名利，这就是发心，不掺杂一点儿利益。所以，"欲戴其冠，必承其重；欲享其容，必承其痛"。做慈善掺杂了利益，有人骂，得学会承受。

"仁"是一种能让你的内心发挥到极致的状态，也是大自然因果不虚的力量。这样说，大家可能觉得很抽象，我还是讲一个故事给你们听。

《史记·淮阴侯列传》记载了韩信报恩的故事。韩信年轻时家里穷，干什么都不成，做官不成，经商也不是那块料儿，可以说一事无成，只好寄居在别人家里吃闲饭，走到哪儿都不招人待见。

当地有位亭长见韩信孤苦，对他很是照顾。但时间久了，亭长老婆不乐意了，觉得他一个大男人不干正经事，整天蹭吃蹭喝。有一天，她故意提前做好饭菜，早早招呼自家人把饭吃完，就连锅碗瓢盆也收拾得干干净净，一点儿吃的也没给韩信留。韩信一怒之下扭头就走，从此，再也没去过亭长家。

韩信没有饭吃，不得不去河边钓鱼来填饱肚子。他在河边遇到一位老婆婆，老婆婆常年以替人洗衣服为生。她看韩信十分可怜，心生怜悯，便给了他一餐饭吃。后来，韩信替汉王开疆拓土，立下汗马功劳。他一直记得老婆婆的一饭之恩，命人送给她一千两黄金作为回报。对照顾他数月之久的亭长一家，却只给了一百文钱，还说："你做好事有始无终，不过是个小人罢了。"

有人评论说，这就是人性啊，亭长帮他百次不记恩，一次不帮就记恨。如果这么想，就误解人性了。从"仁"的角度，我们就能理解韩信为什么这么干。

老婆婆施舍虽然只有一顿饭，但那是她发自内心的怜悯，也是她能做到的，没有想过让韩信回报什么。再看那个亭长，为什么会照顾韩信？一个大男人有手有脚，为什么会收留他？原因只有一个，用现在的话说，韩信是一支潜力股。很可惜，家里的老婆没想那么长远。所以，这个恩不能叫恩，只能说是利益交换而已，和老婆婆的一饭之恩有着本质区别。

很多人弄不明白，到底什么是发心？有句话是这样说的："万法皆空，因果不空。"因果最懂你心里想的是什么。你想的是这个，因果回馈给你的一定是这个。亭长想的是利益，但投资没有坚持住，提前把潜力股给抛售了。而老婆婆呢？这个饭是我给得起的，我不在意亏还是赚。

我经常对身边的人说，没钱不要去炒股，状态不对。一旦缺钱，你的得失心就会很重，对股市的把握就会不准，就没办法得到一个好结果。亭长对待韩信，他有远见没有用，家里是老婆管着，枕边风一吹，他就放弃了。所以，亭长发心不正，韩信说他是小人并不冤枉他，他注定只能得一百文钱。

再比如公司组织捐款，捐多捐少量力而行，都是自己的心意，偏偏有人看别人捐多少就跟风。现实中，有很多人不懂得仁的真正含义。有一个非常有名的慈善家，做慈善做得倾家荡产，最后老婆跟他离婚了，自己生病了，也没人去关心他，都对他避之唯恐不及。

当然，我们不能说他做得不对，只是不够智慧，因为他的家庭不支撑他这么做。为了资助一个学生，他让女儿放弃了上幼儿园。不管出于什么原因，他的心和他的能量系统是匹配不上的，这样的人生就很容易出问题。

所以，如果学不会看自己的发心，很快就会掉到前面两个层面。韩信就是一个例子。他原本可以不用死的，但因为不够智慧，最后被吕后给弄死了。辅佐刘邦打下天下，最后得善终的不多，萧何就是其中一个。他懂得如何利用仁，知晓刘邦内心的状态。刘邦怕什么？造反。一旦集权，就怕人造反，所以他杀了很多功臣。而萧何不但懂得功成身退，还懂得自黑，懂得主动释放自己手里的能量，把能量让出去。

历史上还有一个人叫东方朔，《史记》记载："徒用所赐钱帛，取少妇于长安中好女。率取妇一岁所者即弃去，更取妇。"汉武帝赏赐给他钱财，他不用来买田地，也不用来收买人心，而是用来娶老婆，一年娶一个，把贪恋美色又负心薄情的形象展露在世人面前。《圣境预言书》是这么形容战争的：战争的本质是"能量的夺取"。当皇帝的可以赏赐你财富，但最忌讳你动他的权力。东方朔何等智慧，他知道这个状态不是他应该有的，他遵从自己的智慧，其实就是仁的体现。所以，他的结果是好的。

我早年在职场就吃过这样的亏，年纪轻轻就坐上高位，那时没有什么智慧，公司内派系斗争很厉害，我又是被临时扶持上位，没什么根基，拼死拼活干了半年，所有的成绩不属于我，最后还是给人做了嫁衣。

黄石公说："仁者，人之所亲，有慈惠恻隐之心，以遂其生成。"所谓仁，是指对人、事、物有亲切的感情和关怀，有慈悲恻隐的心肠，让万事万物都能遂其所愿。亲切的情感流露是动人的，老婆婆虽然只施舍了韩信一顿饭，但她是出自天然的悲悯之心，自然而然，没有任何强迫和功利。再看收留韩信数月的亭长，则恰好相反。

拥有仁的力量，人生就开始获得源源不断的能量。

老子说："天地不仁，以万物为刍狗。"这其实就是提醒我们，天地对万物没有特别的偏爱。什么是神？什么是上帝？什么是佛？有人理解为天地规律，见仁见智。在中国的神仙文化中，神仙是人修炼而成，所以，是有怜悯之心的。

中国的神话故事中，想修炼成神仙，要经历什么？重点是什么？拿动物来举例，家养的鸡和山野间的鸡所处的环境一样吗？环境的差异决定了前者几个月就有可能被端上餐桌，而后者有可能修炼成精灵。

出生即是"道"，根本不以你的意志为转移，环境即是"德"。有人会问："这岂不是很绝望？你在让我认命吗？"当然不是。这就像一个人想要打破原生家庭的惯性力，首先，要认同原生家庭给你的一切。这是入道，入道才能生德，你的心才能定下来，静才能生慧。心定，道与德才能合而为一，这样你才有机会。中国古代提倡先成家再立业，正是这个原因。成了家，才意味着成人。只有成人了，才能建立事业，而不是毫无章法地瞎扑腾。

现在回头看看，中国神话故事中的精灵或神仙，是不是和人的成长是一样的？逆天改命就像一个人想要跨越阶层。改命这件事，中国神话故事表现出了两面性：严苛而又仁慈。严苛的地方在于，一切不符合天道规律的事物都被视为异数；仁慈的地方在于，天道对于异数并非斩尽杀绝，而是通过天劫测试，给予机会。

而"仁"正是改命的正确通道。前两个层面做好了，自然就生发出这个层面，即认命才能改命。认可自己的原生家庭，仁自然就出来了，你才能知行合一，才有能量去爱自己、爱别人。

老婆婆安分守己，遇到落难的韩信，心中只有怜悯之心，而亭长恰恰相反，总想着把收留韩信当成一本万利的生意，自然不会有仁。万法皆空，因果不空。

中国的每个神话故事都有很深的内涵，并不是仅供茶余饭后作为娱乐消遣。

当一个人能够自然地领悟到仁，他才能共情，才能知道别人要什么。这时，就进入下一个状态，叫作"义"。

四、第四层：义，从自我管理到管理群众

> 义者，人之所宜，赏善罚恶，以立功立事。

什么是"义"？字面的意思，是赏善罚恶。这是前面三个元素

的升级，即如何从自我管理上升到管理一群人。所以，这一章更多的是从管理的角度来解读。

当你有了基础认知，有了能量，可以做到身心合而为一，就到了新的境界。你要知道，除了你自己的主观世界以外，还有客观世界。

很多人不太懂什么是主观、什么是客观，觉得这跟生活没什么关联，这种哲学问题很不接地气。其实错了，能够清楚主观和客观，才能洞悉管理的核心。也就是说，你不但要知道自己在想什么，同时，还要知道别人在想什么。

通俗地讲，你认为的就是主观。比如，你认为努力就一定可以出人头地；你认为对别人好，别人就会对你好；从小父母教你要有教养，你就认为别人应该和你一样有教养。

而客观世界是什么？就是除了你认为的所有元素。眼睛能看见的我就不说了，我这里想说的是人的思想，最直观的体现就是价值观。你认为情感很重要，你待人真诚，但是转头就被同事出卖。他觉得职场上前途最重要，其他的都可以靠边站，而你的父母教导你，进入职场先学本事，好好做人，前程可以慢慢赚。这就是两人的价值观不同。

我们为什么要了解主观和客观呢？主观决定了你未来的人生走向，心里那个最根本的东西不要变，也就是王阳明说的"良知"。其实，我更愿意把它称作"种子"。而客观世界决定了你能不能找到和你有相同种子的人，和你差不多，你们就能连接到一起，你就管理得了他。

很多管理者有一种妄想，总想着把自己提升为任何人都能 hold 住的管理者。你这不是做管理，你这是要当圣人，妄图把不属于你的世界的人带入你的世界。

我的一个朋友在一家公司上班，普通岗位。他经济条件不错，年纪轻轻在一线城市就有好几套房，没想过在职场上有什么晋升，就想着躺平几年，有机会实现自己的人生理想时再说。之前的领导也都了解他的想法，他正常完成工作就好。结果，后面换了一个领导，自己天天加班不说，还经常在下班后打电话要求他们加班。不到半年，这个部门的人，包括我这个朋友，就被折磨得痛不欲生。

这就是典型的妄图把自己的主观想法强加到别人身上。他以为所有员工必须和他一样加班才是努力上进，结果可想而知。

当然，也有很多职场人习惯性地把领导当成圣人，以为领导应该是英明的、有能力的、公平公正的。事实却未必。有很多领导实际上没什么水平，但人家要么干得久，要么靠人脉，要么凭运气成了领导。因此，与前一种态度形成巨大反差，很多职场人常常觉得自己怀才不遇，觉得领导没水平。这是你认为的，如果一直是这个心态，那就不会遇到好领导。

为什么我有这样的体会？因为我刚入职场的时候也一样，觉得我的领导是"废物"，连个规章制度都弄得模棱两可，整不明白，遇到事情只会赔笑脸和稀泥。当我当了领导，才发现自己才是那个傻子。很多时候，公司发展没到那个节骨眼，很多事情规章制度改变不了，和稀泥可能是相对好的解决方法。

我现在做圈子，也会遇到同样的问题，一上来就有人问："你卖课的吧？"我除了闭嘴，没有什么能解释的。他以为就是他以为，主观和客观不一致，你能解释清楚吗？

好不容易上了正轨，慢慢有更多人认同传统文化，开始推着我做一些事情的时候，又有人问："老师，你是不是已经到了怜悯众生、慈悲不谈物质的阶段了？"每当学生这样问，我都会跳起来说："我不是收钱了吗？你们还想怎么滴！"那天，我和朋友开玩笑，我说真怕别人管我叫老师，他们其实一个个都比我有钱，比我有社会地位。我只不过是恰好把他们带到另外一个视角，他们的主观世界被深度挖掘，看待自己自然就不同了。

所以，一个人的主观和客观连接到什么程度，就能收获什么结果。当不理解的时候，你说什么都会带出一大堆问题。当主客观连接到了一起，主观世界开始认同客观，自然就不会去想，对面讲课的是不是一个大师。如此，这种融洽的感觉就出来了。而人与人之间的关系一旦被物化，我大概率是做不出这个圈子，也不会无中生有聚集这么多人。

这里有个重点，就是"义"。所谓区分善恶，善恶不是指善良和邪恶。符合主观意愿即为善；不符合我的主观世界，当然就是恶。众生没有真相，只有好恶。何谓善恶？其实就是客观是否符合主观。

所以，管理的第一个步骤不是什么人都为你所用，那是发展个人主义，最后你会被累死。你要挑选和自己差不多的人。对于和你同频的人，放心大胆地用；对于和你不同频的人，慎用；对于和你不同频、人品又不好的人，不用。

这是选人的层面。在处理事件的时候，也要考虑主观和客观这两个方面。宋儒提出"存天理，灭人欲"，你说为别人好，到底是出于私欲，还是真正为别人好？你的善良是天理，还是人欲？

孔子的弟子子贡把鲁国人从国外赎回来，但拒绝了国家的补偿，孔子把他教育了一顿。孔子说："赐（端木赐，即子贡），你错了！向国家领取补偿金，不会损害你的品行；但不领取补偿金，鲁国就没人再去赎回自己遇难的同胞。"这时候再看，子贡是行善还是作恶？行善如果侵害了别人的利益，显得别人小气，就是作恶。

子贡这个错误，就是明显地用自己的主观世界理解客观世界。别人不这么想，你却这么做，你就是作恶，最后有很多人因为你的善举得不到救助。

黄石公说："义者，人之所宜，赏善罚恶，以立功立事。"懂得义的精髓的人，能够成就一番事业。但是，如果连真正的善与恶都区分不清楚，怎么成就事业？

《道德经》第二章提到了事物的两面性，客观和主观是既对立又统一，就像镜子的两面。即使反面看不见，也是镜子的一部分；无论正面还是反面被削得再薄，也是一体。而我们如何才能把镜子的两面，也就是把主观和客观连接到一起呢？

下一个元素给出了答案，也就是"礼"。

五、第五层：礼，文化传承的最高机密

　　礼者，人之所履，夙兴夜寐，以成人伦之序。

　　前面讲了对于"义"的理解，能够区分善恶，区分主观与客观。但是，如何才能有效应用呢？

　　大招儿来了，中国文化传承的最高机密，就是礼。中国文化因为有了礼，才拥有了生生不息的传承之力。我每次说到礼都很激动，因为即使学到礼的皮毛，也能把前面几个层面运用得淋漓尽致。

　　孔子一生致力于复兴周礼，以礼治国。很多人不明白，礼到底有什么秘密？

　　什么是礼？礼的表现形式很多，比如仪式、规矩，尊师重道、尊老爱幼，这些都是礼。这些都能看见，很容易就理解了。礼还有另外一个面孔，叫规章制度。

　　那么，礼的内在核心是什么？

　　礼的内核是环境的塑造，这个环境可以理解为外环境和内环境。内环境，就是通过礼的形式把良善的种子种下，固定住，也就是我们理解的价值观。小时候，父母教导我们要做一个有礼貌的人，如果从小行为举止没有规范，到了社会上，少有人会指点你，而是直接给你教训。

　　现在很多专家提倡爱的教育，而真正的爱是让孩子的行为举止表现得有礼貌，形成潜意识，而不是天天呵护他的自尊心。那样教

育出来的孩子，多半和客观世界很难连接到一起，到了职场难免极度自我。到了社会这个大环境，突然发现和他的认知不一样，他就想去改变大环境，就像网上"00后整顿职场"那样。不要拿个别现象当公理，你个人什么条件、什么基础，你就想整顿？这是没有情商的表现。

外环境指哪些？比如，通过规章制度实现规范化。所以，如果你是一个初级管理者，不要过度强化自己的能力，先利用规章制度，把团队的频率调整好，建立晨会制度，这些都是非常有必要的。很多人觉得开会没用，认为是走形式。其实，每一次会议，都是对政策的强化。

现在很多人不理解传统节日，很多传统节日都慢慢淡化甚至消失了。为什么要过这个传统节日，很多人都不知道。其实，传统节日就是为了强化你的潜意识，懂得我们这个民族到底是怎么延续这么久的。

比如情人节。中国的情人节是七夕，牛郎织女两两相望。"两情若是久长时，又岂在朝朝暮暮"，颂扬已婚男女之间不离不弃、白头偕老的感情。再看看现在各式各样的情人节，传递的是什么？鲜花、酒店、巧克力。很多年轻人不懂得情人节的真正含义，对爱情理解错了。

所以，教育靠什么？靠礼。传统节日的教育意义之深远，被很多人忽略了。中国每一个传统节日，对人们都是一次精神文明的洗礼。我们小时候幸福感很强，过年最兴奋的是守岁，第二天穿新衣服、放烟花爆竹。现在呢？春节的意识淡化，再也没了当初的感觉。包括放烟花爆竹也是一样的作用。

现在的人知道西方国家的圣诞节，知道要送苹果和礼物，有很多公司甚至把它当成正儿八经的节日发放福利。不要觉得我胡说，我待过的一家公司，圣诞节的福利比传统节日的标准还高。

可是，如果我告诉你，圣诞节对于我们有着不一样的意义呢？看过电影《长津湖》的应该都知道，1950年，抗美援朝第二次战役，中国人民志愿军用生命打来了真正的平安夜。志愿军第9兵团在东线极端艰难的环境下徒步多日，秘密进入战场，开始鏖战。"战斗中，士兵在积雪地面野营，脚、袜子和手冻得像雪团一样白，连手榴弹的拉环都拉不出来……"

故事本身就是礼最重要的核心元素。民间文化通过故事传承下来，历史也通过故事确定下来。

所以，礼不可废。一旦废了，小到个人，大到国家，都会出问题。更严重的是，这种问题不显山不露水，你还不易察觉。

心理学家荣格说过："潜意识控制你的人生，而你称之为命运。"每一次传统节日都是一次潜意识的训练和强化，这样你才记得住民族精神。每一次传统节日都是在给我们的民族改变命运，这样你还能忽视这种力量吗？

黄石公说："礼者，人之所履，夙兴夜寐，以成人伦之序。"按照这个方法去训练，成就了我们几千年的文化传承。

礼的表现形式很多。这里总结：

  夫欲为人之本，不可无一焉。

  这几个元素层层递进，环环相扣，不能错位，不能缺少。这也解释了儒家文化为何能传承几千年。读懂《素书》，我们对《圣经》、佛经慢慢都会有所领悟。

  大多数人还停留在第一个层面出不来，还在认知层面。现在你认为自己还缺认知吗？成长就像窗户纸，有人给你捅破一层，你就步入下一层；没人给你捅破，你就原地踏步。

  贤人君子，明于盛衰之道，通乎成败之数，审乎治乱之势，达乎去就之理。故潜居抱道，以待其时。若时至而行，则能极人臣之位；得机而动，则能成绝代之功。如其不遇，没身而已。是以其道足高，而名重于后代。

  最后一段说的是什么？很多译文都喜欢抠字眼，一定要把所有的字抠一遍。其实，即使有个别字不懂，但只要大概意思弄通了，就能明白黄石公讲的是什么。

  翻成大白话就是：你想有所作为，活成自己想要的样子，首先要明白一个道理——人的强大和衰弱是有迹可循的，成功和失败也是有定数的。你处在什么样的环境，就运用什么样的力量，寻找什么样的机会。时机没到，就好好修身，能量不足以支撑你的认知的时候，就乖乖躺平；时机到了，就当仁不让。这才是进退有度的智慧人生啊！

无论是修身，还是治国，都是一样的道理。这一段也是容易被忽略的一段，它的核心就是变，懂得变通，什么时机做什么事，所谓"一阴一阳之谓道"。

道德仁义礼，五位一体，是成就一个人的根本。在人的成长过程中，任何一个元素都不可或缺。

什么是道？就是所有人都遵循的宇宙和万物的规律。这种规律主宰着我们，但是我们不知道它到底从哪里来。

什么是德？就是推动道发展的看不见的神秘力量。看不见，不代表这个力量不存在。当你知道德的真正含义，去顺应它，任何人，包括你自己的需求都能得到满足。

什么是仁？当你连接了仁，你对人、事、物有亲切的感情和关怀，有慈悲恻隐的心肠，让万事万物都能遂其所愿。这是一种推动人类社会发展的力量，叫人间有爱，是爱让我们获得无穷无尽的力量。

什么是义？当你知道别人的需求，确定立场，用正确的方式去给予，你就能凝聚人心，让一群人追随你，自然就能成就一番事业。

什么是礼？人一定要学会循规蹈矩，循规蹈矩的意义在于减少内耗，这是宇宙万物都要遵循的规律。昼夜更替，四时变化，循规蹈矩，能量才能守恒。宇宙需要秩序，人与人之间更需要秩序。

我们要通晓成功和失败的底层逻辑，要学会审时度势，什么时候该出来，什么时候该放下。时机没到，就好好修身，慢慢等待时机到来；时运到来，一定能得到你该有的位置。

成就一番事业不是打鸡血，要看准时机再动。如果没有这样的机会，也可以淡泊名利过一生，因为你明白了道的真正含义，不是你想怎么样就怎么样。当你活得如此通透，这也是另一种成功啊！

因此，道德仁义礼，又可以成为大道的集合体。每一个层面都是道的演变。

第一章是《素书》的总纲领。如果从个人的角度看，就是一幅清晰的个人成长路线图。路线明确了，接下来就正式进入细节部分。

第二章　影响力裂变

正道章第二

德足以怀远，信足以一异，义足以得众，才足以鉴古，明足以照下，此人之俊也。行足以为仪表，智足以决嫌疑，信可以使守约，廉可以使分财，此人之豪也。守职而不废，处义而不回，见嫌而不苟免，见利而不苟得，此人之杰也。

如果第一章是从 0 到 1，说的是成长，这一章说的就是从 1 到 10，到 100，再到 1000 的秘密。10 也好，1000 也罢，你能到这一步，说明你开始影响别人了。而很多人冥冥中做对了很多事情，影响到别人，却从来没有总结过到底做对了哪些。第二章要描述的是影响力裂变。

一、正道：影响力的秘密

　　走正道，难道单纯只是主流价值观吗？有人说：整天教育我要走正道，倒是告诉我，为什么要走正道？什么样的道才是正道？

　　人生不是没有对错吗？人性是善还是恶？为什么我做了很多好事，还是过得很差？做好事不是正道吗？人为什么要保持善良？在当今社会，扶老人过马路都有可能被讹诈，你让我善良，谁又对我善良？

　　人间正道是沧桑，自古以来，邪不压正。为什么光明一定会战胜邪恶？阳明先生为什么提出"致良知"？什么是良知？既然致良知才是正道，恶人为什么没有得到应有的惩罚？

　　为什么阳明先生临终前提出"此心光明，亦复何言"？光明大道难道只是教化众人的一个说辞？为什么要感恩？正能量是什么？

　　类似于上述疑问，稍微有点儿"文化"的人可能会嗤之以鼻。他们认为，所谓正能量、正道、导人向善，不过是政治手段，让人们好管理，不闹事。更有人大行权谋文化，妖魔化历史，黑化权力政治，更给人性扣上自私的帽子，让人对权力趋之若鹜又恨之入骨。

　　很长一段时间，我也是这么理解的。原因很简单，我正直善良，却处处被人算计；我努力上进，却长达五年无法晋升；维持人与人之间的关系，只有利益没有情感。你是不是和曾经的我一样？或者此时此刻，你正处于这种境况？请认真理解这一章，许多人无法成长，正是在这个问题上栽了跟头。

为什么一个善良的人无法坚持？为什么一个有爱的人会变得越来越自私？为什么明明相爱的两个人无法走到最后？为什么大多数人变得越来越现实？看不到正确的方向就会迷茫，有多少人能够坚持做自己？还是向世俗妥协，蹉跎半生之后，用一个无奈的借口收尾：我为了生活，有错吗？

我来告诉大家答案。从小的教育告诉我们要做一个善良的人，而少有人告诉我们为什么要善良。那些把"利他"当成企业价值观而获得成功的企业家，并没有告诉我们"利他"的底层逻辑是什么。老板将企业文化变成喊口号，要员工有老板的心态，把公司当成自己的家才能拥有光明的前途，但他们并不知道，如何才能让员工从心里认同，发自肺腑地为公司做事。

正道章，我翻了很多解读，不过是一些正能量的历史故事合集，或是一些导人向善的大道理。要让善良、利他、无私这些品质得到传承和延续，就一定要给出理由。就像教育孩子"马路上捡到钱，要交给警察叔叔，不是自己的东西不能要"，这样单纯的教育，只是给了一个标准，我们没有跟孩子解释为什么这么做是对的。但是，作为成年人，一定要明白"致良知"的底层逻辑。这样，才会发自内心地去做正确的事。当一个人知道为什么要走正道，唤醒自己的良知，所有行为都会变成自发。

这一章，我会对"正道"给出定义。既然人性有自私的一面，那我们就要知道，走正路对自己有什么好处，走捷径对自己有什么坏处。这一章与其说是"正道"，不如说是我们面对的主观世界和客观世界的基本逻辑，我称之为"常识"。

现代社会充斥着所谓的"高认知"学问，不过是在教我们怎么寻找捷径。一个人想要过得好，捷径是什么？就是脚踏实地先把基本逻辑搞清楚。这样走的是正道。就像你决定创业，首先想的应该是你要做什么，而不是怎么融资，怎么在合同上规避风险。很多人做事本末倒置，怎么可能成功？

要理解正道，首先要理解文中的关键字：俊、豪、杰。这三个字到底说的是什么？

《淮南子·泰族训》："智过万人者谓之英，千人者谓之俊，百人者谓之豪，十人者谓之杰。明于天道，察于地理，通于人情，大足以容众，德足以怀远，信足以一异，知足以知变者，人之英也；德足以教化，行足以隐义，仁足以得众，明足以照下者，人之俊也；行足以为仪表，知足以决嫌疑，廉足以分财，信可使守约，作事可法，出言可道者，人之豪也；守职而不废，处义而不比，见难不苟免，见利不苟得者，人之杰也。"

这里做了明确的划分："千人者谓之俊，百人者谓之豪，十人者谓之杰。"

简单地说，你的智慧能影响1000人，你就是"俊"，你就是大IP。这1000人可不是互联网中1000个粉丝。想象一下，现实中1000人是多大一个场面，多大一个规模！你的影响力能够调动1000人，这是一股多么大的力量！

"俊"，黄石公给了标准。我去年建圈子，也是这个底层逻辑。

我们先把标准搞清楚，后面会逐一拆解这个标准。

再看"豪"。影响100人，调动100人，让100人为你服务，什么概念？你能开一家不小的公司了。你能做到这一步，基本的财富自由没问题。所以，"豪"可以归结为财富之道。

影响10人，你就达到了"杰"的标准。你的影响力辐射10人，至少是一个部门的小领导，你个人的生活肯定没问题，可以归结为生活之道。你不必是圣人，作为普通人，也可以活成最好的状态。

《素书》没有提到"英"，因为"英"的层面太高了，百年千年才出那么一个，我们现实点儿。影响一万人？别闹了。让国家少操点儿心，把自己的日子过好就不错了。

我们看张良，帮助刘邦建立汉朝后就慢慢隐退了。还是那句话，人要守好自己的位置，安分守己。中国文化还有一个概念叫"物极必反"。所以，黄石公压根儿没给出"英"的标准，"英"是时代的产物。对我来说，《素书》的解读如果能影响别人，我就很开心了。

三句话，层次从高到低，你做到哪个层面，就能获得哪个层面的结果，产生相应的影响力。人的境界是逐步提升的，到什么阶段就做什么事。希望大家能从这一章找到自己的正道。

其实，读古文很有意思。古人真诚，讲述的都是质朴的道理，叫常识，也叫实事求是。这部书为什么叫《素书》？因为黄石公讲的都是朴素的大道理。但是，很多人不喜欢听大道理，不喜欢实事求是。

要知道，大道理是经过历史验证的，不管你承不承认、喜不喜欢。大道理不是没有用，是你不知道怎么用。所以，我们要解决一个大难题：如何把这些实事求是的大道理装进我们的脑子里。

有本书叫《从"为什么"开始》，提出了黄金圈思维模型："世界上所有伟大的领袖和组织……马丁·路德·金，还是莱特兄弟，他们的思维、行动和沟通方式都异常一致，如出一辙。从'为什么'开始，它可能是世界上最简单的思考方式。"

时时刻刻学会问为什么，就开始迈进知识的大门。

二、影响力的底层逻辑：德、信、义

德足以怀远。

按照字面意思理解：一个品德高尚的人，能让人心悦诚服。我不知道品德高尚能让人心悦诚服吗？我不知道诚实守信是好的品质吗？我不知道讲义气才能服众吗？关键点是：首先，为什么做到这些就能让人心悦诚服？其次，我怎么才能做到这些？

现实生活中，有不少人具备这些，但却处处受排挤。一个人很善良，为什么还过得那么差？一个人勤勤恳恳，怎么就拿几千块工资？一个人忠厚仁义，怎么就有人背叛他，出了事情就让他背锅？

这不是抬杠，都是我在职场踩过的坑。我自认为从小家境优渥，受到良好的教育，性格善良美好，从来不做违背良心的事。但是，为什么日子过得还是不好呢？因为当时我对"德"的理解是片面的。

"德"不只是道德品质。第一章中，我在拆解成长的第二个阶段时，把道德品质归为"德"的一部分。"德"还包括很多看不见的东西，比如能量、时间。看不见不代表不存在。通俗地讲，就是你这个人有价值、有影响力、有吸引力，别人愿意主动靠近你、接纳你，有平台愿意收留你，你做一件事，有一堆人支持你。每个人都自带能量场，你在某个领域有价值，支持你的人就会越来越多。

"德足以怀远"，不妨这样理解：一个人走得长远是需要蓄力的，需要积蓄那些看不见的东西，这才是你的资本。

我再强调一遍，那些看不见，但是确实存在的东西，一定有时间这个维度的加持。

很多人习惯性地用自己的思维逻辑去判断某件事。就像群里讨论"捡到钱到底要不要交给警察叔叔"，80%认为可以据为己有，少数人认为应该交上去。答案取决于什么？取决于他们各自的圈子，取决于他们的圈子输出的价值观。假如认为人性是自私的，观点就是钱交给警察才傻。价值观由什么决定？有人说环境。这个观点没毛病，但是需要时间作为条件。

如何取得别人的信任？有没有可能见面就信任？有可能，比如你长着一张让人信任的脸。这种气质怎么形成的？环境加上时间催生出来的。专家也是，他凭什么让你相信？脱离不了环境和时间两个因素。

所以，这里理解"德"要比第一章深入一点。第一章理解为看不见的，是老子口中的"无"，而这里，你要知道这个"无"是怎么来的。搭建信任系统需要时间，需要环境，缺一不可。时间和环境都是"无"，看不见，但是你不能说它们不存在。你日渐衰老的身体、眼角的皱纹，证明了时间的存在。一方水土养一方人。从"昔孟母，择邻处"，到现代社会大家竞相追逐学区房，都证明了环境的存在。有人和我犟，说什么出淤泥而不染。出淤泥而不染，首先得有出淤泥而不染的根。现在连根都没有，却谈什么环境不重要？

最近这些年，无论是线下的激励大师，还是线上的商业导师，都在兜售所谓的成功经验，告诉你，你有执行力就可以，听话照做，就能做出来。可问题来了，他成为他，他成为品牌，具备号召力，真的是随便哪个人学习一个月就可以复制的吗？

还有一类导师告诉你所谓的资本真相，让你觉得怎么努力都没用。上了他的课，你认为你洞悉了资本真相。每每碰到这样的导师，我都忍不住想笑。他有没有告诉你，成为老板需要多长时间？需要什么样的背景？包括他自己站在那里讲课，付出了多少努力？他站在时代的风口，概率有多大？

不是我在这里黑这些人，他们是拿着时代赋予的结果去偷换概念，完全忽略了因果定律需要时间。

说到这里，如果你还不明白信任系统背后这个"无"，我再举个例子。那天，有网友在评论区留言，我就回复了一句："天下所有的书，本质上都是一本书。"果不其然，下面有人评论："你说得不对，普通人写的书和大师写的肯定不一样。"他说得对不对呢？普通人写的书当然和大师写的不一样，要不然我们怎么会反复读经典？但是，

第二章 影响力裂变

他没有想过,普通人写得差,为什么还能出版?

这个问题,可能很多人会下意识回答:"他有钱有人脉,只要书的内容不超纲,就可以运作。"我们再顺着他所说的,他为什么会有钱?他有钱,要么是他老爹有钱,要么是靠自己奋斗努力。他为什么会有人脉?他的人脉,要么是老爹给的,要么是他自己努力得来的。认真品一品,是不是这样?

很多人说,那些富二代没什么本事,就靠老爹吃老本。人家含着金钥匙出生,没得比,不公平。你要这个公平?人家是祖宗奋斗了几代,才有今天富二代、富三代败家的机会。你觉得人家是官二代、官三代,心里愤愤不平,那你想过没有,人家的祖宗为国家付出了多少?你有现在的幸福生活,他们又付出了多少?你怎么不从这方面去拼?

还是那句话:我们中国的平等,从来不是那种肤浅的喊口号式的平等,而是在因果上的平等。

普通人写的书内容或许不值一提,但他能出书,这件事本身就是需要用系统元素去支撑的。所以我说,天下所有的书,本质上都是一本书。无论是书的内容,还是书的外在,都证明了一些道理。如果参悟不透,一生都会在迷雾中前行。

这话我和我圈内的人说,他们很容易懂,因为我用长达半年的时间和真诚的内容输出,来建立这个"信"。而那个网友,只是看了我一条评论就否定,大概率是他连内容都没有看。这就是认知的差距。

这些年，很多"高手"都在拿认知说事。那么，认知到底是什么呢？实际上，认知这个概念是被营销出来的，认知背后的逻辑是什么，少有人思考，只是觉得"认知决定命运"。如果这么学习，肯定越学困惑越多，原本的东西都可能丢了。

一个家族有钱也好，有势也好，他们拥有的影响力，绝对不是撞大运来的。在中国的神话体系中，人修炼成仙要几百年，动物修炼成仙要几千年，还得历天劫。我们不仅要知道信任系统是关键，还要清楚是什么成就了"信"。《时间财富》这本书是这样形容时间的：上帝不想让人类知道的秘密。

所以，清醒点儿，任何事情离了时间都无法成就。就像小孩子学习一门艺术，让他入门的或许是爱好和兴趣，但如果没有数十年如一日的训练，他不可能成为大师。

成长也是一样。你不要认为自己做的是无用功，到用的时候自然就派上用场。总有人给我留言："老师，我想跟你学习做自媒体。"我说，你踏踏实实写10篇文章，或者踏踏实实做出10条短视频。自媒体有什么好学的？教你的都是技术，而技术一定是依托时间才能呈现结果，最后还得是你自己出内容。

回归本质，信任是靠"无"的力量来支撑。还有其他元素吗？除了时间，还有另外一个元素，我叫它"龙的精神"，一个让我们中华文明延续几千年的秘密。

以往很多人对"信"有误解，认为单纯是信任。信任是结果。这里的"信"应该理解为：积累"让人相信你"的过程。就像我做解读，写了那么多文章，别人再看我的账号，就不会觉得是一个"钓鱼"的账号。

从量变到质变，人的行为有惯性，现在让我解读《素书》，我一个月就能写出10万字。因为我平时重视积累，而且解读的过程中我还遇见这么多人。所以，不要认为自己一无所有。如果你不愿意从根上去搭建"信"的系统，怎么会有人相信你？你不愿意积累，总想找捷径，怎么会从0到1？更不要说从1到1000。

说到积累，有人又有问题："你说得轻松，那到底怎么积累呢？"推荐两本书给大家：《微习惯》和《福格行为模型》。一本书解决你无法行动的问题，一本书让你了解行为本质的问题。两本书叠加在一起，就解决了千里之行的第一步。

就拿写作这件事来说，它从来都没有出现在我的人生计划中，我也从来没有想过有一天会当人生导师，对别人的成长指手画脚。一个人能把自己操心好，把自己的孩子培养好，把自己的父母孝顺好，就不错了。解读传统文化经典，那是我的个人爱好。但是，随着我的积累，渐渐打造成了我的个人IP。

作家叶兆言谈写作时说："才华不重要，重要的是能不能熬到一百万字。"

前几天，我整理一个账号的解读文字，整理完发现居然有七八万字。而这些字，只是我每天早晨为了发文，花半小时写出来的。也就花了两个月，每天写一点点而已。写作这件事是真的有惯性，如果你认为需要灵感才能写，那么我敢保证，你走的不是正道。

你想走捷径，去学习标题，学习技巧，都没用，表面的吸引和内心的共鸣是无法相提并论的。一个人如果只是依赖于技巧，逃避打基础，那不可能写出让人产生共鸣的文章。

"德足以怀远"，告诉我们做人的重点不是学识，不是认知，而是积累"信"。我从不认为自己有多少学识，历史、哲学这些也学得并不多，但是有人愿意听我讲，有人愿意看我写的文章，为什么？因为我在积累的过程中，内在能量不断被激活，形成了自己独特的视角。

当我想要举例的时候，可以信手拈来，这不代表我真的读了很多书。很多人读了很多书，但没办法形成自己的思维，总想积累到最后来一把大的。我更喜欢一边学习一边输出，这个过程能产生流动的能量。有个词叫"教学相长"，还有一个学习方法叫"费曼学习法"，本质都一样。

这就是我要讲的"信"的第二个元素。信是流动的状态，想让别人相信你，首先要和别人沟通。

读了100本书，但是你不把这个积累流动起来，它怎么会转化为能量呢？怎么会转化为"信"呢？"信"的本质是能量。现实中，我是一个沉默寡言的人，不太喜欢和人打交道，但是到了互联网，我就变成了"话痨"。通过写文章的方式，我和别人产生了交流。有人看我写的文字，我就获得了支持；有了支持，就有了能量。没有人天生就很厉害，都是在做的过程中成长起来的。

有句话说："秀才造反，三年不成。"成不了，要么就是不愿意把自己的能量拿出来，怕担责任，藏私，不愿意利他，要么就是内心恐惧。你有没有想过，获得能量之前，你没有那么多读者，自信心一定是在能量流动的情况下出来的。

《西虹市首富》是一部喜剧电影，王多鱼的钱越花越多，其实是一样的道理。钱只有流动起来，才会生出更多的钱。老子在《道德经》中描述"上善若水"，水的特性是什么？流动。"流水不腐，户枢不蠹"，都是在讲这个特性。"信"的系统也一样。

"信"的第三个元素是什么呢？就是信念。外界不管有多少不支持的声音，一个人只要信念坚定，就能排除万难，在关键时刻爆发能量。当你成为别人相信的对象，当你的团队理念成为别人行动的信念，你的力量就会像滚雪球一样越来越大。

你有能量了，有了影响别人的能力，别人才会相信你。我们凭空冒出来的圈子，策划了100多场圆桌公开课，才有人说："啊，原来不是骗子，你们是做事的。"信任系统崩塌，我们做这件事有多难，动不动就被扣帽子，但是能怪社会吗？不能。一切都是时间的问题，那就用时间去解决。

我的信念是用心扎扎实实地积累传递更多的能量。所以，想要长远，首先要学会积累。积累的过程也是从虚无变真实的过程。

为什么自古以来都是邪不胜正？为什么阳明先生提出的是致良知，而不是恶？"正"之所以长久，是因为符合宇宙运转的逻辑，你发心做好事，行为是利他。放眼望去，宇宙中哪些存在不是利他呢？父母辛劳一辈子，帮你娶妻带孩子，是不是利他？生态系统中的食物链，其中的每一个环节是不是利他？阳光普照大地，是不是利他？我们的先辈流血牺牲换来了今天，是不是利他？反过来，如果整个宇宙都是自私，会怎么样？只为自己着想，父母为了快活可以不繁衍后代；太阳不普照大地，因为地球上所有生物都会吸取它的能量。不要觉得我在说大道理，认真想一想，为什么正道长存，而不是黑暗？

再来说说黑暗为什么不行。就拿电影中的黑社会来说，维系该组织成员的是什么？权力、金钱、地位、生存，这些是看得见的。但是，你作为老大，一旦不能给你的属下提供这些东西会怎么样？众叛亲离，是不是这样？一切违背利他原则的，都不会长久，做人更是如此。如果你的底层逻辑不符合宇宙法则，那么，你的所作所为必定不能长久。

所以，阳明先生临终前感叹："此心光明，亦复何言！"

你没有能量，看到的历史只是权力的更替、争斗和谋划，那些奉献付出的人，你只会认为他们是被王权洗脑了，说他们是炮灰，或者说他们傻。我想说，如果没有前人流血牺牲，哪有你的美好生活？你在这里指手画脚，痛苦恰恰是你的肤浅造成的。

有人说《道德经》是帝王术，把礼教理解成"愚民"策略。《道德经》明明是老子留给普通人的一本悟道手册，你没有能量，看到的就只能是钩心斗角。

张良为什么选择辅佐刘邦？刘邦强在哪里？项羽为什么一手好牌打得稀烂？最初，项羽的综合实力超出刘邦很多，他是贵族出身，身强力壮，还有不少谋臣，前面还有陈胜、吴广给开了路，怎么就败了呢？从能量的角度来看，刘邦一直在蓄力，知道什么时候守住底线，什么时候掀翻桌子，而项羽一直在泄力，最后差不多把身边人都整没了。为什么？因为项羽没有打造"信"的系统。

所以，黄石公说：

信足以一异。

建立信任系统才是关键。"信"是什么？是诚信吗？如果理解为诚信，那就大错特错。项羽不诚信吗？刘邦诚信吗？这里的"信"，应该理解为相信。前面说了，你要让人建立信念，让人跟随你走，这里也可以理解为坚定信念的过程。一个人愿意相信你，你做什么都是对的；一个人不相信你，你做什么都是错的。

诚信只是其中一个很小的因素。刘邦强大了，就马上掀桌子，转头丢掉了和项羽的"兄弟情"。如果把"信"理解为诚信，天理昭昭，该项羽胜利才是。

"信足以一异"，有足够多的人相信你，就足以排除那些不同的声音。也就是说，成长也好，管理也罢，整天试图把自己变得很强大、很厉害，这条路不能说不对，但是会很累。能力永远没有上限，而且人外有人，天外有天。你太聪明、太厉害，还会引发另外一个元素阻止你变强大，那就是妒忌心。

我有个朋友，用她自己的话说："我觉得周围的人都是180个心眼，我玩不过他们，我想变得聪明一点儿。"我说，变聪明了又怎样？你把自己强行推送到和别人一样的赛道，然后一起卷？你本来就不是聪明人，选择变聪明，反而会失去更多的机会，曾经相信你的同事还会相信你吗？还会把你当成自己人吗？很多时候，我们把聪明当作成功的必要条件。实际上不是这样，现实中太精于算计的人，没有谁愿意和他打交道。

那么，怎么让别人相信你？还是承接第一句正道：当一个人掌握了"无"（德）的力量，学会积累，就能走得长远。只要你去掉一步登天的想法，接下来的路怎么走都是对的，成功只是早晚的问题。"但行好事，莫问前程"，这句话不是鸡汤，我们要看到因果这一步。

建立信任系统是聚集人脉的手段，当你具备一定的影响力，就要学会管理这群人。"义"就是管理手段，也是管理的基本逻辑。管理不能靠情绪做决定，而是需要具体的标准。

黄石公说：

义足以得众。

秦始皇成也"义"，败也"义"。

你要获得众人的支持，只有能力的积累是不够的。那什么是"义"？简单来说，当你取得群众的信任，坐到自己的位置，就要"在其位，谋其职"。天地万物本身没对错之分，但在自己所处的位置，一定要有立场，这个系统才能自行运转；在自己的立场上，一定要知道什么事该做，什么事不该做。普通人用情绪处理问题，高手则是用立场解决问题。直白地说，就是客观地处理事情。前面我们提到了主观和客观之间的区别。

人要知道善恶标准，不能只顾自己的好恶；否则，你打江山再厉害，最后儿女可能很快就给你败光。所谓打江山不易，守江山更难。翻开历史，有多少败家子！最出名的莫过于秦二世。秦始皇结束了春秋战国500多年的割据分裂状态，建立我国第一个统一的、多民族的、中央集权的国家。但就是这样一个皇帝，儿子秦二世仅仅在位三年，就从皇位上被赶了下来。秦始皇子女33人，无一善终。

秦始皇也失败在了"义"上。秦始皇最大的失误就是信任赵高。秦始皇从小作为人质，疑心病重，连自己的大儿子扶苏都不相信，又为什么会相信一个太监？有人说赵高懂得察言观色。赵高和电视剧里那种端茶倒水、讨好主子的小太监可不一样。我们再去扒一扒历史。

首先，秦始皇和赵高五岁的时候就在一起玩了，俗称"发小"。那时，秦始皇的爹在赵国当人质，赵高的爹就是赵国人。后来，秦始皇回国，赵高也跟着，一直到秦始皇死的那天，两个人一直在一起。这里我要说的不是他们两人的情谊，情谊肯定是有的。人非草木，孰能无情？但情谊有一个基础，即赵高是太监。这是秦始皇信任赵高的第二个原因。他对秦始皇没有什么威胁，没有后代之人，秦始皇理所当然地认为他掀不起什么浪来。这也是秦始皇不够客观的一面。

第三，赵高有才。用现代的话讲，就是妥妥的学霸，精通律法，字写得好，秦始皇的诏书都是赵高写的。赵高有用，毋庸置疑。赵高在帮助秦始皇铲除嫪毐这件事上也做了很大贡献。他在整个过程中一直陪着秦始皇，帮他联络蒙恬等关键人物，帮他制定详细的灭嫪毐策略。后来，赵高冲进后宫亲手杀死嫪毐和皇太后的两个孩子，帮秦始皇铲除后顾之忧并为之背了黑锅。这是家族丑闻啊，而且杀死的是自己的两个弟弟。

不得不说，赵高对秦始皇还是忠诚的。在秦始皇死之前，他这个专职司机兼贴身保镖，当得不错。荆轲刺秦王时，他也为秦始皇挡过刀。

基于这几点，秦始皇做的都没什么问题。但是，这个没问题同样有大前提，就是他活着。秦始皇要是死了，扶苏即位了，还有赵高的活路吗？扶苏看不上赵高，所以，赵高在秦始皇死后谋逆是必然的。可惜，秦始皇在做情景设定的时候，设定的是"朕可以长生不老"。在这件事上，秦始皇处理得不够客观，这在历史上人尽皆知。一个人如果只活在"我以为"的主观世界里，对事情的判断就会失去分寸，就会变得非常不客观。

所以，秦始皇统一六国成于"义"，秦朝灭亡败于"义"。

赏善罚恶是为"义"。义的客观评价标准和尺度又是什么样的呢？比如，你手底下有一个不是特别听话的员工，怎么处理？不能因为这个人反对你，你就不用了。只要不破坏你订立的规则，就不用处理。也就是说,"义"要设置底线,哪些能碰,哪些不能碰。

在职场上有这样一类人,为人处世总是有很深的自卑感,走到哪里都被人欺负,得不到尊重。为什么?他从来就没有设置过自己的底线,给人展示的是他这个人没有底线,软弱可欺。所以,我经常说,底线之上什么都可以,底线之下什么都不可以。

就像我做社群会有群规,群里讨论什么我不会约束,吵架吵翻天都可以,但是骂人不要"问候"人家祖先和父母;可以讨论国家大事,但是不允许对政治指手画脚。

所以,很多时候,尺度就是你知道自己是谁,怎么处理,不需要"打架"。我们只需要客观地、清楚地知道自己有什么权力,在什么位置,有什么资格。如果用错了力,纵然学富五车也会生不逢时。

如今的社会,很多人都崇尚金钱至上,打工就是为了那点儿工资。如果老板输出的是"跟着我有肉吃"这样的观念,吸引的就是这样的人,公司就只能是这样的价值取向。自然,当公司辉煌的时候,大家挤破头去你那里;当公司走下坡路,不会有人陪着你共渡难关。

所以,黄石公说:"义足以得众。"

有人问:"得民心者得天下,但是,怎么得民心呢?"其实,就是客观地看待世界。当你足够客观,力量就会集中在你的手里。

三、影响力达到 1000 人的标准

才足以鉴古,明足以照下,此人之俊也。

"鉴古",什么是"古"?古人?历史?都不究竟。我理解的是站在巨人的肩膀上,借鉴历史,多跟有经验的人学习,而不是天天想着创新。

我翻阅了大量的书籍,"古"还有一个解释,就是质朴。流传下来的经典不都传递着质朴简单的道理吗?"才足以鉴古",有才能的人懂得借鉴质朴的智慧。这个智慧的来源可以是历史,也可以是有经验的前辈。大道至简,宇宙的运行法则也是简单质朴。

不要整天想着创新,更不要想着单打独斗,靠自己是成不了事的。刘邦前期也是借了项羽的势才得以生存下来,你能说刘邦是弱者吗?

黄石公说:"才足以鉴古,明足以照下,此人之俊也。"当你懂得向前辈学习,懂得向有经验的人学习,懂得向历史学习,你拥有的智慧会像一盏明灯,照亮你前进的路。这样的人一定会成为人中翘楚。

所以,我们先把做人的道理搞清楚。人这辈子不可能不栽跟头,真正栽跟头还能站起来的少之又少。就像当年的创业潮,不过是时代的产物,但就是有人跌倒了重新爬起来,这样的人一定符合做人的正道。

我们看罗永浩，欠钱是真还了，成就了一部"真还传"。在他看来，诚信比什么都重要，所以，他没有走破产程序，坚持为自己的行为买单。这样的人敢作敢当。他拥有的是德行的溢价，也叫个人品牌。

客观来讲，就是因为有了破产的相关法律，很多人才能没有后顾之忧地去创业。但无论法律怎么兜底，大家还是喜欢有责任心、有担当的人。从法律层面操作，固然可以规避一些个人风险，但是从道德的角度，则失去了人的信任，信任系统崩塌了。即使还有人愿意跟随，这些人看重的是什么？当这些也不可得，会怎么样？信任系统重建需要多长时间？

无论从道德层面还是从长远策略，欠债还钱才是正确的，因为事业是有生命周期的。所以，真还钱塑造的人设是什么？有情有义有担当。很多人想不明白，其实，还钱这件事在中国是大义，大众接受的是这种文化。

中国古代，生意能做大的都是诚信第一。现在做直播、借助流量的，能看清流量密码是什么吗？鸿星尔克"捐款事件"之后，网友跑到直播间"野性消费"，看清楚没？因为此举乃大义，老百姓不糊涂。到底什么才符合我们的主流价值观，我们在这个环境下长大，心里没数吗？

人穷得只剩钱的时候，是最可悲的，因为没人帮你、同情你、理解你。所以，知道善恶，懂得分寸，学习如何成为一个群体的KOL（关键意见领袖），掌握舆论密码很重要。

"德足以怀远，信足以一异，义足以得众，才足以鉴古，明足以照下，此人之俊也。"做到这些，你就能影响1000人。

四、影响力达到100人的标准

如何才能让自己的影响力辐射到100人呢？如何才能让100人死心塌地跟着你？开一家公司，辐射100人是多大的规模啊！

行足以为仪表。

行：行动力。足以：完全能够达到。仪表：《史记·太史公自序》："以为人主天下之仪表也，主倡而臣和，主先而臣随。"

"行足以为仪表"，行动力一定是大前提，一个人有行动力，才能起到模范带头作用。回去翻翻你们公司大老板的创业史，有哪个是行动力差的？行动力差的压根儿没有办法得到别人支持。

有行动力，为什么能够起到模范带头作用？因为那些跟随你的人，内心是缺乏力量的，他需要有人帮他做决策。有句话说："一个人试错的成本并不大，你人生的失败是因为你把精力都用来纠结了。"很多人是不愿意承担责任的。所以，行动力的本质就是帮助这些人迅速作出决策，带领他们去做这件事。

举个例子，我们或许能明白这里面的关键。大家看过舞台催眠吗？有段时间我很喜欢研究这个，舞台上那些人真的被催眠师催眠了吗？错！只不过是他们在现实中无法做到的事情，可以通过催眠来完成。他们大脑中的设定是"我被催眠了，我做任何事都不会有人嘲笑我"，他们可以尽情做自己想要做的动作，哪怕再可笑，都可以被原谅。所以，大家看到问题的关键了吗？催眠的本质是：恢复他本来的样子，做他现实中做不到的事情。即使出丑，这也是自我潜意识的设定。最后，催眠师承担了这个责任。这就是人性的弱点。

行动力的作用也是如此。你为他承担责任，他自然愿意跟着你。电影《阿甘正传》中，奔跑的阿甘帮很多人找到了人生的方向。阿甘做了什么吗？他有说教吗？行动力就是最好的说教，因为大多数人迈不开那一步。阿甘没有一句说教，用行动力帮他们做了决定。

所以，黄石公说"行足以为仪表"，行动力完全可以作为树立模范的标准。当你具备了行动力，还需要智慧，因为：

智足以决嫌疑。

这里再次强调，什么是智慧？不是那些花哨的奇技淫巧，而是质朴的常识，也是《道德经》中老子反复强调的"常道"。如果不懂，去翻翻《穷查理宝典》，看看查理·芒格走的是什么路。我也是最近几年明白了这个道理，整个人都踏实下来。人一旦学会了实事求是，路走起来其实特别容易。

比如，拿做自媒体这件事来说，我不是没有走过弯路。我也当过"韭菜"，而且是那种花钱不眨眼的"韭菜"。因为我当时的思维是不要把时间浪费在选择上，直接花钱向高手学习。很可惜，智慧不通，学的只是一些技巧。直到我看到一本书叫《时间财富》，整个人就像被打通了任督二脉，不再追求速成，开始踏踏实实地写文章，开始安安静静输出我对于一件事的观点，然后内心越来越清楚自己想要什么。这就是智慧。脚踏实地地积累，这是最质朴的常识啊！

我们从小听到大的是"孟母三迁"、卖油翁的"惟手熟尔"、李白偶遇老妪铁杵磨成针的顿悟，以及物理学上的声波共振原理，乃至很多大V说的"金蝉定律""荷花定律"，这些大道理我们早就学过了。我一直在思考，为什么早就知道的道理却做不到？答案是：没有找到开启智慧的钥匙。

告诉大家一个人性的弱点，这个世界上大多数人，都活在自己的感受里，做不到实事求是。也就是说，很多人实际上是没有常识的。众生无明，不懂真理真相，说的就是这个。

所以，黄石公说："智足以决嫌疑。"当一个人拥有了智慧，就不会摇摆不定，就能作出正确的决策。

信可以使守约。

一个人诚实守信，足以成为别人遵守约定的理由。这个"信"和第一句话的那个"信"不一样，维度小一些，就是诚信，可以理解为信任系统中的一个元素。

这句话实际上讲的是生意经。做生意的过程中，最害怕的是对方不诚实守信，尤其是临时毁约或者卷钱跑路。你能指望每个人都拥有美好的品德吗？你能像要求自己一样，要求别人也有高的道德标准吗？所以，这句话实际上是通过树立一个标准，让别人看到诚实守信的好处，以及不诚实守信的代价。把诚实守信作为标准，画一个圈，在这个圈子里，你就是权威。他和你做生意，跑路的下场是什么？就跑到圈外了，没人和他玩了。

所以，讲诚信这件事，我们要看到本质，是为了让人和你交往有安全感。当别人觉得你靠谱，你能把诚实守信这个IP立住了，100人相信你是没问题的。这时，你自然就获得了位置，别人不敢违约，没有资格和你叫板。如果你向上求，你的顾客就是上帝，不敢欺瞒；如果你运用诚信这个元素打造权威，你就拥有了选择客户的权力。

以往看《素书》，为什么觉得是大道理？因为没有把深层次的道理想清楚。前面说到行动力能够成为模范，其根本原因是别人不敢为自己的行为承担责任，而诚信是打造位置的手段。这是不是有点儿像权谋？普通人还达不到大爱的境界，一定要找到足够的好处，才会觉得经典有用。

廉可以使分财。

廉：正直，方正，走正道。

一个人内心有正道，足够支撑他心甘情愿地把钱分出去，因为他知道这么做是对的。

　　一个内心明白正道的人，知道人性的弱点，也知道利他是正确的选择。现实中，很多人并不愿意和太精明的人在一起。人一旦变得精明，就只为自己着想。做生意赚了 100 块，想着分给别人 20 块，80 块全部留给自己，这样是很难赚到大钱的。

　　我当初任职的一家公司，截至现在，成立也有 11 个年头了，一直发展不大。老板并不明白正道是什么，一个产品卖几万块，最后只愿意分给员工 3%，还是进货价的 3%，最终员工到手的有 1% 就不错了。你越是把钱揣到自己兜里，越是没人愿意跟着你。

　　员工每个月拼死拼活地干，发工资的时候傻眼了，连房租都交不上，他会不会跳槽？不过现在想想，自己那个时候价值观还算正，没去在意工资，硬是逼着自己在这家公司干了 2 年多，最后带着一身本领跳槽了。

　　所以，宇宙的规则从因果的角度看，其实是公平的。老板是不是有格局，并不是我关心的事，跳槽只能是因为自己，而不是因为别人。一个人内心有正道，愿意花时间利他，同时，自己也获得了宝贵的经验。

　　我知道利他就是利己，愿意付出我的时间。老板不愿意出钱，表面上他是占便宜了，实际上最后得好处的还是我自己。所以，这里的"廉"，应该理解为内心正直，懂得正道是怎么一回事。

此人之豪也。

黄石公把这样的人定义为"豪"，能够影响100人，100人又能够带来财富。所以，"豪"也有财富的因素在里面。

最后，我们总结一下，如何影响100人？"行足以为仪表，智足以决嫌疑，信可以使守约，廉可以使分财"，行动力是基础，拥有质朴的常识，诚实守信以巩固自己的位置，让别人不敢违约，内心坚守正道，知道利他。如果这么做了，一定能够影响100人，一定能够获得你想要的财富和地位。

五、影响生命中最重要的 10 个人

"守职而不废，处义而不回，见嫌而不苟免，见利而不苟得，此人之杰也。"这种人距离我们普通人最近。按照这个标准，自己稍微调整和努力一下，就够得着。

那么，这10人是哪些人呢？父母、儿女、另一半、公婆、朋友、老板、同事、下属、合作伙伴……这差不多就10多个了。

有人问："影响10个人能做什么？"这10人就是你的生活。所以，这句话我总结为生活之道。搞好这些关系，你的生活还不如鱼得水？好了，我们看看，影响这10人要具备哪些能力吧。

守职而不废。

职：本分，位置。不废：不轻易改变。

守护本分比什么都重要。一个人要守本分，这是从小说到大的。

一个人能有多少个身份？比如女人，是员工、女儿、妻子、妈妈、儿媳等。你要想生活舒心，先把位置摆好；位置摆不正，就是赚1个亿，丈夫还是有可能找别人。你当妈妈，啥都管，儿子就讨厌你。有部电影叫《万箭穿心》，女主角守不好自己的位置，最后把丈夫逼死，儿子恨了她整个童年。

大家小时候看过琼瑶剧吧？《又见一帘幽梦》中的紫菱，《还珠格格》中的紫薇，看看这些角色，为什么最后能和男主角在一起？用现在的眼光看是三观不正，但有一说一，你仔细品味，琼瑶写的都是真实的人性。紫菱是"我可以不爱你，但是我就要作"，费云帆见前妻，她跳河宣示主权。再看看绿萍，各方面非常优秀，但实际上，楚濂需要她这么优秀吗？当她是舞蹈家的时候，需要；但作为未婚妻，是不需要的。

要想活得舒服，首先调整位置；其次，才是完善自己在这个位置上要做的事情。你是地球，跑到太阳的位置会怎么样？原本昼夜交替，结果变成没有黑夜，都是白天，会怎么样？

我们经常说，一个人要有边界感，比边界感更重要的是位置。

作为妻子，把丈夫当儿子教育，啥事都管，会怎么样？作为婆婆，天天管儿子媳妇之间的事，会怎么样？有人说，男人在身边，女人就应该连瓶盖都拧不开才对，撒娇的女人最好命。男人的荷尔蒙被激发，这跟女人把位置摆对了有关。男人是天，顶天立地；女人是地，包容万物。但女人总想当天，你不累谁累？男尊女卑是对天尊地卑的误解，每个人能够守好自己的本分，就是对其他人最大的尊重。

我刚开始做社群的时候，总有些人刚进群就发广告。也不想想，即使我不踢走你，广告有几个人能信？

"守职而不废"，老祖宗告诉我们，要守护好自己的位置，不要随意改变。《易经》《道德经》《素书》等，这些经典都提到了这一点。这是处理好人际关系的关键。

处义而不回。

立场已经确定，就不要翻来覆去。

一个人所认为的善恶美丑，是由他的立场决定的。判断对错，处理生活中的问题，不是用情感，而是用立场。

这里有一个延伸出来的词更贴切，就是刚刚提到的边界感。当一个人立场明确，就会匹配相应的标准。有了标准，自然有了边界。

很多人处理不好生活中的问题，就因为今天一个立场，明天一个立场。前面一句"守职而不废"是关系定位问题，"处义而不回"是定位之后，不能摇摆不定。

女朋友在外面被欺负了，你是先判断对错，还是先表示关心？

儿子在学校打架了，你是直接批评，还是拉回去教育？所以，不要简单地搞帮理不帮亲那一套。帮理还是帮亲，取决于实际情况，根本没有两全其美的事。

现实中很多关系是靠情感推动，而情感实际上不是由情绪操控，而是由你的位置和立场决定。

有时候，事实真相很难说清楚。如果立场不明确，怎么做都是错的；如果坚定立场，至少一个方向是对的。女朋友被欺负了，你还是先判断对错，那么，回头你就没女朋友了。

见嫌而不苟免。

苟：随便。免：不做了，撂挑子。

有人质疑你，不要随随便便放弃。

我经常说，那些质疑，实际上是老天爷对你的考验。你经受得住，就产生质的飞跃；经受不住，就原地踏步。当我转变了心态，面对任何质疑和困难时，反而很兴奋，这说明关键节点到了，我做到了别人做不到的事情。我刚开始做圈子的时候，顶着很大的压力，以大多数人的认知，我必须图点儿啥。我说，我图这个社会变得越来越美好，我想为祖国添点儿正能量。有人不相信，甚至把社群不收费和传销画上等号。当一个理想主义者有问题吗？可能还真的有问题。因为大家的认知是，做事要么图钱，要么图人。总之，你必须活得和他们一样他们才踏实。像《遥远的救世主》一书中，丁元英掏钱入股，刘冰才心里踏实。这些都是认知障碍，都是拦路石。当你实事求是做事，就会有人阻止，这是事物发展所必须经历的。

很多人做短视频、做新媒体，为什么做不起来？一种是没人点赞就放弃，一种是下面有人骂就不再继续。他们永远在寻找爆款，寻找那种一晚上几百万播放量的短视频。实际上，我们做圈子，最先是某个平台有了流量，然后才是各个平台有了起色。这是不是时间累积？如果我们一开始就放弃，或者群里有一个人说，你们就是在骗人，我们就不做了，会有现在的成绩吗？

所以，人与人之间的差别是什么？不是比谁努力，而是看你能不能经受住老天爷给的考验。嘲笑、质疑、没人看，是必经之路。你迈过去，就跨越阶层了。传统观念认为，跨越阶层是指金钱层面，不是的。跨过老天爷，也就是你们认为的"道"设置的第一个门槛，很快就会发生质变。

这句话的心法，不是坚持做事，而是考验来了，赶紧接住。所以，你认为的困难，其实是你通关的信号。这样理解困难，是不是一下子就不同了？哇，好开心，居然有人质疑我！我要是小角色就没人搭理我。因此，不妨胆子大一点儿，很多事做得多了，自然就会了；如果不做，灵感就没法显现。

见利而不苟得。

君子爱财，取之有道。

什么钱该拿？什么钱不该拿？不该拿的拿了，就是断了自己的财路。这是处理利益关系，很容易理解。有健身房老板拿钱跑路，换一家继续开，但是能换几家？都成"老赖"了，信用还能透支多久？

有些人破产不还钱，他能换几次项目？罗永浩为什么欠债要真还钱？因为他知道，真还钱背后就是无穷的机会，他的人设可能是多少个亿。古代很多富商怎么起来的？《遥远的救世主》一书中，欧阳雪被指点炒股，为什么要把芮小丹抵押房子的钱也买了股票？这就是对利益的处理，也叫吃相。

所以，这句话的心法是学会让利，别人要钱就给他。贪得无厌，早晚得下台。大家认真品品。

此人之杰也。

当你能够摆正自己的位置，明确自己的立场，学会让，不是天天想着争第一，你就能影响身边最近的那10个人。家中你是好丈夫、好妻子、好儿女，工作上你是好员工、好领导，生意上你懂得分寸，距离影响100人指日可待。

关于走正道，黄石公用俊、豪、杰来区分影响力。第一章原始章是从0到1，这一章是从1到10、100，乃至1000。

第三章　人性的根源

求人之志章第三

　　绝嗜禁欲，所以除累；抑非损恶，所以禳过。贬酒阙色，所以无污；避嫌远疑，所以不误。博学切问，所以广知；高行微言，所以修身。恭俭谦约，所以自守；深计远虑，所以不穷。亲仁友直，所以扶颠；近恕笃行，所以接人；任材使能，所以济物；殚恶斥谗，所以止乱；推古验今，所以不惑；先揆后度，所以应卒。设变致权，所以解结；括囊顺会，所以无咎。橛橛梗梗，所以立功；孜孜淑淑，所以保终。

一、双面人性

　　原始章讲的是从 0 到 1 的成长，正道章讲的是从 1 到 10、100，乃至 1000 的影响力，这一章更厉害，直接把与人相处的细节写得明明白白。我们都知道，打江山容易，守江山难。吸引 100 人也好，吸引 1000 人也好，这些人到了手里该怎么用？如何与之相处？答案就是掌握人性。

黄石公讲得很直白，有别于一般书籍只告诉你人性的善恶和优缺点。黄石公居然在几千年前，就把人性讲得这么到位。

王阳明早期为什么被贬？他上书弹劾大太监刘瑾，结果被贬，一路上还被追杀，差点死了。他认为自己有理，实则不了解人性。这个世界，不是谁讲理谁就说了算，你想有所作为，在自己的环境中吃得开，就要学着去了解人性。有人说，人性都是一样的。错！不同环境、不同文化背景之下，人性展现出来的形态完全不同。

很多人评价这部书：看懂的人会出一身冷汗，用不好，就会做坏事。厉害之处在哪里？正着用，可以成就一番事业；反着用，能把对手推入深渊。因此，我会把正反两面都谈一谈。

首先，要解决翻译问题。在这里，"所以"理解为"是因为"。很多人理解错了。

二、空杯心态

> 绝嗜禁欲，所以除累。

一个人之所以清心寡欲，没有不良嗜好，是因为去除了内心的堆积，呈现放空状态。这里的描述和《道德经》第十二章有异曲同工之妙。老子说："五色令人目盲；五音令人耳聋；五味令人口爽；驰骋畋猎，令人心发狂；难得之货，令人行妨。是以圣人为腹不为目，故去彼取此。"欲望的根源是五色、五音、五味、驰骋畋猎以及难得之货。而黄石公告诉我们，有欲望是因为心里堆积的东西太多了。你越是执于自己的想法，内心越满，就越难听进别人的意见和建议。

所以，管理一大群人，首先，不能固执己见。积压的东西越多，负担就越重；负担越重，内耗就越大。你的内在与员工的内在形成强烈的对冲，能量的消耗是巨大的。

很多企业家，年纪轻轻就得这个病那个病，甚至还患上严重的抑郁症，演艺界、娱乐圈尤为明显。这就是影响力带给他们的负面的东西。这个世界是公平的，当你得到一样东西，就一定会失去一些东西。

所以，要想打破一个人原有的平静，其实很简单。"捧杀"听过吧？给他原本没有的，他就会喜欢上这种感觉。"捧杀"没有好下场，这是很多人都明白的道理。有人说："如果这个人就是淡泊名利怎么办？"物质荣誉根本吸引不了他，那就给他一个立场、一个位置，把他推向舞台中央。像《天幕红尘》一书中的叶子农，什么都看开了，什么都不想要，唯独想要的是自由，自由就是他心中的"累"。结果，被推向了旋涡中心。

反向应用，就是你想让一个人有欲望，就要给他加一些他原来没有的，唤醒昨天的痛苦，给予未来的幻想，要唤醒他。这常被用于销售，比如做大健康的，做美容行业的。他们会先诊断，将你的问题放大,告诉你,你这个不调理会怎么样,这是"下地狱";然后,告诉你用了产品会怎么样,讲故事,塑造未来,送你"上天堂"。这种巨大的反差,就会形成欲望。你原本不需要,他凭空给你塑造了欲望,对死的恐惧,对生的渴望。

所以,这一章第一句话就告诉我们,修身一定要重视空性。保持空性是修身的大方向,老子是从眼耳鼻舌身的角度去强调,而黄石公说得更加细致具体。

三、中国文化中的神仙思维

抑非损恶,所以禳过。

禳:祈祷消除(灾殃)。

一个人之所以能抑制自己的非分之想,躲避灾祸,是因为向神明祈祷。

问题来了:这不是封建迷信吗?大家为什么会认为是封建迷信、是糟粕?因为不知道向神明祈祷的真正含义。"举头三尺有神明",这句话听过吧?我们要正确理解中国的神仙,正确看待神话,了解每个神仙背后的精神是什么。之所以逢年过节要向神明祈福,初一、十五要拜菩萨,并不是为了求得保佑。这么想,就是不劳而想有所得。国产动漫《摔香炉》中,老婆婆拜财神,结果日子越过越穷,因为她把老伴辛辛苦苦赚来的钱都用来拜财神了。

我们要学习神仙背后的精神，了解他们的成长经历，他们做了哪些事才被封神。中国的神话故事中，每个神仙都要经历漫长的过程，才会成为神仙。比如孙悟空，没有九九八十一难，他成不了斗战胜佛。他再厉害，也只能是山里的一只猴子。所以，中国的神仙、中国的节日背后都是信仰。信仰也是提示，时时刻刻提示我们铭记祖先和他们的智慧。毫无疑问，每个神仙背后都是一部奋斗史。

所以，这句话翻译为：一个人之所以能够抑制自己的非分之想，能够躲避灾祸，是因为他学习了神仙背后传递的精神，学习了他们的经验。

抑制自己的念头和非分之想，这叫持戒。修道与持戒有什么区别？修道是你明白了道理，自然而然悟道成事，而持戒走的是死磕路线，逼迫自己。这就像自律与习惯养成的区别，习惯养成深入潜意识，比自律更高级。

而以往的翻译，更多的是教导人如何做一个规矩的和尚，而没有告知，为什么要修佛？敲木鱼到底有什么用处？为什么要诵经礼佛？这里面门道很多，都有一定的依据。如果只知道念经，真正成为大师的很少。

四、出淤泥而不染

> 贬酒阙色，所以无污。

一个人之所以不被酒色财气迷惑，不是因为他有意志力，而是因为没有污染的环境。

一个人为什么会知法犯法？因为他所处的环境。这句话告诉我们，不要高估自己。要想不被污染，就要及时隔离，别存侥幸心理。

先说正向应用。如何克服不良因素的影响？孔子一生忙于复周礼，讲礼节，讲流程，为什么这么烦琐？阳明先生为什么说要格物致知？其实和这句话用意一样：一个人想要做到方正，每天格一物，就不要高估自己，以为能摆脱环境的影响。

现实中，有人经常吐槽政府机关办事太烦琐，办个事要一堆流程、一堆证明、一堆签字。很多人并不清楚为什么要这样。我们犯个错，最多自己遭殃，而公职人员犯错，祸及的是一方百姓。公职人员也是人，不是圣人，你不能要求他们每个人都能恪守本分。虽然他们犯错有法律严惩，但最终承担后果的是我们，所以要有规章制度防止他们犯错。要不然，犯错成本太低，整个组织就会混乱。一个公司也是如此，没有规章制度，没有底线，随便"开天窗"，崩盘是早晚的事。

所以，我们要保持一种思维模式，要学会问为什么。办事流程烦琐，你不能理解，就只会用情绪去解决问题。

反向怎么应用？如何搞定一个人？没有环境，创造环境。当初齐国不想让孔子待在鲁国，担心鲁国变得强盛，所以送去美女迷惑鲁定公。这谁能扛得住？包括孔子的弟子都中招儿。孔子无奈，只好离开鲁国。想搞垮一个人，试图去打压，往往没有用；看看人性的弱点有哪些，通用的就那些。

法国唯物主义哲学家拉·梅特里在《人是机器》中提出："人是一架机器，在整个宇宙只存在一个实体，只是它的形式有各种变化。"虽然我不完全认同他的理论，但人的思维运作模式确有其固定性。一旦被触发，人就会像机器一样运作。就像"洗脑"、PUA（精神控制），也有特定的流程。心理学的"登门槛效应"，让人一步步陷入深渊，正是这句话的反向应用。

所以，《素书》的可贵之处就在于：如果你懂得思考，正反运用都是相通的。就像老子所说的，"两者同出，异名同谓；玄之又玄，众妙之门"，天下的道，多是相通的。

"贬酒阙色，所以无污"，告诉我们要自我约束、格物致知，在公司重视规章制度，教育孩子重视家教。

五、选择的力量

避嫌远疑，所以不误。

一个人之所以能够避开仇怨，不迟疑犹豫，是因为"不误"。问题来了,"误"怎么理解?

"误",在文言文中有四种解释:

第一种,用作名词:错误,谬误。例如,《三国志·吴书·周瑜传》:"曲有误,周郎顾。"

第二种,用作动词:耽误,贻误。例如,《新唐书·韩偓传》:"涣作宰相或误国。"

第三种,用作动词:坑害。例如,《赤壁之战》:"向察众人之议,专欲误将军,不足以图大事。"

第四种,用作动词:受迷惑。例如,《荀子·正论》:"是特奸人之误于乱说,以欺愚者。"

首先,这里肯定不是用作名词,排除第一种。比较靠谱的是第二种和第四种解释。第二种:耽误,贻误。"不误",就是当机立断。第四种:受迷惑。"不误",就是不受迷惑。

无论是当机立断也好,还是不受迷惑也好,都是摆脱犹豫状态,及时止损的因。那么,我们就要思考,一个人为什么不能当机立断?为什么易受迷惑?

答案是:你有一个选择,别人在原有的基础上又多给你一个选择,你才不能当机立断;别人给了你第二选择,你才会被迷惑。

比如,你每个月都要去这家店洗头发,结果对面开了一家新店,比你常去的店便宜10块钱。这个时候,你是不是多了一个选择?你想着没事,反正就去一次,没什么,结果架不住劝,办了一张卡。可是,新店的造型师做的造型比老店差远了。最后,你两边跑。你被诱惑，是不是因为别人给了你第二选择？

如果你当机立断，我就不办卡，会怎么样呢？一个人试错的成本其实并不大，大的是你不断纠结和犹豫。为什么会纠结和犹豫？因为有第二选择。你的灾难从哪里来的？你的人生为什么总是无法推进？中国文化是系统的，做事是讲时机的，正所谓"当断不断，反受其乱"，跟这句话意思相通。不要整天"吃着碗里的，看着锅里的"。你的犹豫，你遇到的灾祸，都是因为你太怕那个结果。

经常有人问我，遇到人生困境怎么办？我通常会说，当你真的做不了决定，就交给老天——抛硬币。这叫当机立断。选择一个，就会对应一个结果。这个结果是好的，说明你的选择是对的；如果不好，说明你需要继续优化你的决策过程。总而言之，你的人生剧本推进了，而不是耗费能量在纠结上。有多少人就这样蹉跎了一生！

所以，这个"误"无论是耽误还是受迷惑，本质上都是多个选择所致。这句话的翻译就出来了：你之所以多灾多难，犹豫不决，是因为你的选择太多。

那反向怎么应用？在选择上做文章。比如，电影《恶魔教室》中，是如何让一个受人欺负的小透明去做危险的事？他居然变得胆子那么大，这个团体到底有什么力量？这个力量的底层结构是什么？答案很简单：要么重新选择，要么没得选择。重新选择，意味着能量重新回流；没得选择，不需要思考，意味着不耗费能量。

软弱的学生为什么变得胆子很大？因为老师打破规则，让他有了重新选择的机会。而其他学生要想融入，怎么做？要服从规则，没得选择。

《乌合之众》一书中有一个观点，让大多数人害怕的，就是丧失思考力。所以，很多人就想，我不要当乌合之众，我要独立思考。比如，电影《肖申克的救赎》讲到的"体制化"，引发了很多人的思考。

什么时候该有思考力？是不是融入群体，就一定变成乌合之众？关键点是什么？到底该如何去平衡？今天我就告诉大家答案：思维和能量两个系统就像太极图之阴阳一样，此消彼长（图3.1）。

图3.1　太极

当你思考过多的时候，能量系统自然降低；当你停止思考的时候，行动力自然变强，因为大脑是人体最耗能的一个器官。所以，当你行动力差的时候，融入集体就可以了。如果自己看书，能一周看一本吗？

当你觉得自己没有思考力的时候，就停下来。你们参加过直销会、招商会或者演讲学习吗？通过音乐、密集课程、讲故事等手段，让人停止思考，去刷卡付费。

我来教你们怎么识别，用能量就可以识别。我讲一个我的故事。五年前，我还在职场，公司派了几十个员工去参加课程，学习如何招商演讲，一共三天。进入会场，听到震耳欲聋的音乐，课程十分密集。其实，进去时就知道，最终总会有人购买课程的。盲人都会购买，你信吗？第二天，真的有一个盲人，现场成交了课程。如果不是亲身经历，我真不信！

课堂上我们不用学写演讲稿，就是不让大家睡觉，每个组都有两个教练跟着，这叫"疲劳战术"。当你能量被耗光的时候，你就不会有思考，成交是顺理成章的事。消耗能量是疲劳战术，讲故事痛哭流涕也是。

当时，我们一个组8个人，都被逼着写故事，写不出来就不让睡觉，第二天每个人还得上台演讲。我是怎么做的呢？我就把教练叫过来，我说："我其实和你们是同行，我也是讲师，我可以写这个演讲稿不睡觉，但是明天上台我要成交我的产品、我的课程。你同意我就写，保证你满意。"结果，教练再也不敢找我了。后来，他们组队，还要每个人交400块钱押金，我就是不交。"避嫌远疑，所以不误"，我当机立断拒绝了。我知道400块钱只是开始，因为比赛成绩要比成交额。最后一关，就是道德绑架，你不交10万的学费，你就是不合群。

学会拒绝，学会当机立断，学会守护好自己的能量。关乎其他利益的，可以得过且过，但是他剥夺了你的能量，想再积蓄是很难的，不是吃一顿饭就长回来的。

所以，为什么要每天训练自己的觉察力？就是为了守护能量。当别人对你进行 PUA 的时候，你能一下子区分出来。

电影《圣境预言书》中，男主角要和女主角进一步接触，女主角一下子就很不舒服。也就是说，当你从能量感知的角度去看世界，很多问题一下子就有区分了：事实可以编造，思维可以控制，但是，你自身的感受是真实的。很多事实是被流量操控的，眼睛看到的不一定是真的，但自己的感受是真实的。可是，我们有多久没有关注自己的感受了？不知不觉就被别人操控了。

六、影响力的本质

> 博学切问，所以广知。

有人翻译成：一个人博学多才，所以见多识广。那我问大家一个问题："一个人为什么博学多才？"因为你被人知道，被人看见了。在我的圈子里，博学多才的人多了，但为什么大家要听我讲课？听我指派的老师讲课？因为我的身份？因为我是成功人士？错了，我是一个普通人。但是，因为我会获取流量，知道我的人多了，知道这个圈子的多了，他们愿意留下来，我看起来就博学多才了。

所以，这个"广"，不是见多识广。千里马多的是，能不能被伯乐看见？你的伯乐可不只是高人，不要把书读死了。专家也好，学者也好，他们之所以有了声名，是因为他们被广泛地知道和看见。

因此，这句话不是讲如何做学问，而是告诉我们如何成为一个有影响力的人。这和第二章讲的影响力有什么区别？第二章讲的是路线图，讲的是方向，而这句话揭示了影响力的本质。

你只是看书，不与外界交流，会有影响力吗？你不让人知道，会成为有影响力的社会人物吗？就像我，不写文发文，谁会看到我？

我们身边其实不缺资源，但是如果自己不开放，就连接不了。所以，这里"广知"的含义是：让别人知道你，训练自己的开放和连接能力。

反过来怎么用呢？让对方活在自己的世界里就可以了。并非明晃晃地整你，而是暗地里给你使绊子，你还觉察不出来。这种是最可怕的。

所以，那些给你指出问题的人，不要着急反驳，要思考人家是真的为你好，还是纯粹给你添堵。

"博学切问，所以广知。"一个人之所以博学多才，是因为他被很多人知道，被广泛地知道。只有知道你的人多了，你的光芒才能被看见，不要颠倒顺序。

七、修身的秘密

> 高行微言，所以修身。

一个人之所以能够高调做事，低调做人，是因为懂得修身。这里的逻辑关系搞清楚没有？他为什么能够达到这种状态？是因为注重平日的修身养性。

"曾子曰：吾日三省吾身。为人谋而不忠乎？与朋友交而不信乎？传不习乎？"（《论语·学而》）孔子的学生曾参，对自身修养十分注重，每天都在三个方面检查自己：第一，帮人做事是否忠诚；第二，和朋友交往是否诚实；第三，学业方面是否勤奋。善于省思自己的不足和缺点，不仅能够提升自己，做事的过程中也能少犯错误。

所以，这里我再次强调，你看到一个人状态很好，那只是结果。但是，线上很多商业导师拿着自己的结果告诉你，你跟着我学习，你也能做到。你做了10年的积累，这个结果包含了多少因素？除了你自身的努力之外，还有个因素叫时运。除了时运之外，还有个因素叫国运。你拿着时间加上空间得到的结果，然后告诉人家，跟着我，你也能成。这不是开玩笑吗？所以，我经常说，很多人活在自己的感觉里，压根儿不愿意看到真相。

一个人能够控制自己的情绪，不是那种几日训练营，或者几个控制情绪的技巧训练出来的，他呈现的任何状态都是修出来的。

修身，到底该怎么修？

第一个方法，把握两个关键词：频率和节奏。比如曾国藩，每天反省自己；王阳明每天也要反省自己；再看看那些伟人，是不是都有好习惯？读书是习惯，看报纸也是习惯，运动也是习惯。修身的方法是养成习惯，是保持频率和节奏感。总而言之，不要让生命陷入无序状态。这便是修身的本质。

第二个方法，学会拒绝。前面黄石公就给出了答案，"避嫌远疑，所以不误"，当机立断。不要招惹烂人烂事，不要出了问题再去救火，那时候就来不及了。

八、君子的本质

恭俭谦约，所以自守。

恭：恭敬，和善，有礼貌。俭：节俭，节省。谦：谦虚，谦逊。约：守规矩。自守：守住自己的位置。

"恭俭谦约"，每个字都是独立的，都有其实质内容，可以归结为一个人的基本素养。

老人总说一句话，"不要出格"。这个"格"就是位置。守住位置、恪守本分，是不是就成功了一半？一个人学问再好，没有位置意识，也会做错事。

一个人之所以能够勤俭节约、谦虚礼让，是因为他能守住自己的位置。待人接物，守住位置，是不是有分寸？只在自己的能力范围内花钱，是不是自然就会节俭？如果只是克制自己，不明白底层逻辑，节俭就会变成葛朗台，待人接物有边界感就会变成自私。

所以，这句话给了一个标准：你兜里只有100块，自己就好好花，不要想着乞丐可怜，有些乞丐可能比你有钱多了。朋友和先生吵架，要离婚，不要掺和她的家事。"走，我带你出去吃一顿，你心情就好了。"前者不是你的分内事，请吃一顿饭是可以做到的。所以，很多问题其实很容易解决，把握分寸没那么复杂。人家的事少操心。不能自守，人不可能达到"恭俭谦约"的状态，勉强达到了，也只能是伪君子。

九、潜龙勿用

> 深计远虑，所以不彰。

这句话关键字在于"彰"。不彰：不随便彰显自己，不随便发表看法。说得通俗点儿，学会闭嘴。祸从口出，言多必失。

一个人计算得比较长远，这是反人性的。正常人都是只看眼前利益，能及时满足的。怎么做到"深计远虑"？其实很简单，"不彰"，不是不说，而是"让子弹飞一会儿"。比如，会上发言的技巧是什么？一般是先听听别人怎么说，然后总结。

《易经·乾卦》初九的位置就是潜龙勿用。"勿"，不是让你什么都不做，而是先看别人怎么做。就像我们做一件事，先看看同行怎么做。想要创业，首先要打工，转换心态，而不是直接借钱去创业。

所以，"不彰"，不要随便暴露自己的底牌。

黄石公说：你之所以能够深谋远虑，是因为你学会了闭嘴，学会了不随便彰显自己，学会了倾听。

十、遇见贵人

> 亲仁友直，所以扶颠。

这是遇见贵人的方法。《遥远的救世主》一书中，肖亚文为什么会成功？欧阳雪为什么有机会被丁元英指定持股？这句话直接给出了答案。

亲：亲近。仁：有能力的人，有资源的人。直：通"值"，价值。颠：头部，顶部。

如何才能和有价值、有资源、有能力的人做朋友？答案是扶持的人是"头部"。

比如，肖亚文扶持的是谁？欧阳雪为什么三天两头给芮小丹送好吃的？为什么王庙村三个人都去找芮小丹？

为什么很多老板喜欢上商学院？你靠近什么，你就是什么。你天天和狐朋狗友吃吃喝喝，就只能结交狐朋狗友。

你在公司把同事当朋友，不接近上司，就只能给自己培养竞争对手。这句话其实就是告诉我们：贵人，一定是比你强的，至少能和你比肩。整天结交一些不如你的，感觉是很好，很有存在感，但是，他能给你带来什么？所谓无效社交，我们老祖宗早就写在书里了。你人再好，结交一个品质差的，随时可能把你拉下水。

有人会说，你这是一棍子打死普通人，你在搞阶层对立，你在否定底层人。错！不要把贫穷和底层画上等号。比如，你的邻居或许没有高学历，没有高认知，也没有很好的社会地位，但是他很善良，在高维空间。这样的人，也是黄石公说的"颠"，是有智慧的人，因为善良属于高维智慧。

现在有一个不好的现象，就是把智慧物化，认为有豪车豪宅的人才有智慧，认为有社会地位的人才有智慧。一个有钱、有地位但是冷漠的人，远远比不上你身边那个善良的普通人。

所以，第三章其实是人生的正确打开方式。你认为别人很自律、很成功、很谦虚、很幸运，他们只不过是做对了一些事情。还是那句话，你靠近什么，就会成为什么。不要整天和自己对抗，你的能量完全可以做更多事情。吃苦不是人生的必选项，但是选择什么，一定影响你接下来的人生。你选择靠近美好，还是选择消耗意志力来证明自己很厉害？

阿基米德说过一句很有名的话："给我一个支点，我能撬动整个地球。"这个杠杆其实就是你的思维的转变。学会柔软，这就是你人生的正确打开方式，也是传统文化的正确打开方式。

"亲仁友直，所以扶颠"，通俗地讲，就是"向上社交"。

那刘邦结交的"狐朋狗友"呢？他不是应该结交权贵之类吗？

别人说是狐朋狗友，你就认为是狐朋狗友？刘邦最先结交的是比他地位高的萧何。也就是说，我们在初期，无论是能力还是能量都是不足的，一定要结交"头部"。所以，刘邦的路没有错。

当你从高能的圈子打开了眼界，获取了能量或资源，你成了"头部"，才有机会驾驭形形色色的人。在古代，很多贵族喜欢养门客。"鸡鸣狗盗"说的就是两位门客的故事。

春秋战国时期，孟尝君礼贤下士，门客众多。秦昭王想拜他为相，这时，有人进言："孟尝君虽很贤能，但他是齐国人，如果拜他为相，他一定会为齐国利益着想。那样的话，秦国就危险了。"这番话让秦昭王临时改变了主意，立即将孟尝君关押起来，准备找个借口杀掉。

孟尝君四处托人求情，找到了秦昭王的宠姬。宠姬答应替他说情，但提了个要求："我听说孟尝君有一件狐白裘，天下无双，如果你能把这件狐白裘送给我，我就帮你。"消息传到狱中，孟尝君更感为难，因为这件狐白裘早已送给秦昭王，如今叫他如何再有一件？他把难处告诉了门客，就在众人面面相觑之时，坐在门边的一位善于偷盗的门客自告奋勇："我能拿到那件狐白裘。"当天夜里，他就趁黑摸入秦宫，偷出了狐白裘。宠姬得到狐白裘，确未食言，孟尝君很快即被释放并强令回国。

因怕秦昭王反悔，孟尝君不敢耽搁，率领手下人连夜奔逃。一行人逃至函谷关时又遇到了难题，按照秦国法规，函谷关每天鸡叫时才开关放人。眼下夜黑如墨，哪里会有鸡鸣呢？正当众人犯愁时，又一位门客站出来,只见他"喔喔喔"连叫几声,引得城关外的雄鸡全都叫起来。守关士兵听见鸡鸣,以为天色将明,遂开门放行,孟尝君就这样逃出了秦国。众人很佩服这两位擅偷盗、会鸡鸣的门客,"鸡鸣狗盗"一词亦流传下来。

孟尝君养的这些门客,都是他们那个领域的"头部"。

十一、接纳的本质

> 近恕笃行,所以接人。

恕:宽容,宽恕,接纳。笃:坚定。

一个人之所以能够宽容,能够坚定自己的行为,是因为他意识到了群众的力量,懂得从中获取力量。

你想想,得到支持后,是不是变得比以前格局大了很多?因为内心拥有了力量。很多人经常跟我说,我很自卑,我没有能量。我说你是缺少支持,你到群体中去,自然获得力量,自卑感直接跨越过去了。

《素书》不断强调群体的力量,你的心智实际上是受群体心智影响的。就像一个男人追求一个女人,最高明的不是穷追不舍,而是和她的亲戚朋友搞好关系。那样做,事半功倍。否则,如果她不喜欢你,你捡漏都没机会。

再看看现在的舆论环境,是不是也这样?明知是错的,但只要尝到了流量的甜头，这些人就会颠倒黑白、是非不分。这也是《乌合之众》里面提到的：一个人到了群体，是没有心智能力的。

你生气、较劲儿也没用，当你和周围人持相反意见的时候，不要发声，闭嘴就行了。你一张嘴，唾沫星子都能把你淹死。《遥远的救世主》中，丁元英为什么很少说话？他妹妹也说，还是他自己一个人过吧。因为他知道他的思想观点周围人不能理解。

"近恕笃行，所以接人"，这句话告诉我们：你可以是魔鬼，也可以是天使，就看你选择什么。物以类聚，人以群分。

十二、天赋的秘密

任材使能，所以济物。

济：接近。物：除了自己以外的其他事物。

"任材使能"，即发挥人的天赋。天赋属于主观世界造成的果。所谓天赋，就是你的主观世界不断强化的结果。实际上，每个人在母亲肚子里，主观世界就开始形成了。

《素书》第三章是层层递进，先是说了该接触什么样的人群，接下来是如何获得群体支持，再接下来就是如何在群体中发挥自己的天赋。

"亲仁友直，所以扶颠。近恕笃行，所以接人。任材使能，所以济物。"这么看这三句：

（1）扶持"头部"，支持你成长。

（2）物以类聚，人以群分。群体塑造了你的性格。

（3）在群体中如何发挥你的天赋。

"任材使能，所以济物"，意思是一个人想在组织中发挥自己的天赋，一定要学会团结众人。如果不会连接客观世界，只是孤芳自赏，则无翻身之日，哪怕你很厉害。因为只要有群体，就会有舆论环境。

汉武帝的老师教给他的第一课就是掌握舆论的力量。靠近环境，改变环境，人与环境相互作用。

接下来，你到了群体中，自然会遇到一些小人，该怎么处理？

十三、停止的力量

殚恶斥谗，所以止乱。

止：使……停止。

一个人之所以能够抑制邪恶，斥退谗佞之徒，是因为能够静下来停止行动。

什么时候该动？什么时候该止？当你处在旋涡中的时候，千万别动，把你的行动力暂时收起来；当你处在低谷期，千万别瞎折腾，行动力用在自我修养方面。

当你遭遇小人时，对方实力越强，你越没有办法遏制他的力量。

如果他造谣，这时最好的办法就是静下来。否则，你越是辩解，越是无法自证清白。

舆论是一把双刃剑，就像鬼谷子的书，你用得好就是纠治；心术不正，就是破坏，甚至操控群体意识。楚汉之争时的重要人物陈平，用的就是离间计，他利用项羽的弱点来操控群体意识。

上一句讲，要接近客观世界。当你接近客观世界时，不可避免地会遇到和自己的主观相冲突的人和事，怎么办？止乱。停下来，乱止住了，你才能"殚恶斥谗"。

十四、众妙之门

> 推古验今，所以不惑。

惑：邪。

"推古验今"是什么意思？是不是通过学习历史，获取先人的智慧，用古人的经验来预测未来发生的事情？那为什么很多学历史的，得出结论"最是无情帝王家"，甚至还对政府表达失望、抨击、不满，代入自己的经历？

进入你的心灵家园也即潜意识的，不是正能量就是负能量。如何才能做到不受邪的迷惑？这里的"邪"并不完全指负能量，还包括正能量。说白了，不够客观的能量，都可视为邪。就像你明明很痛苦，应该释放一下情绪，别人却给你讲一个励志故事，会不会很讽刺？

因此，这里的"邪"是指人们的极端思维，也叫主观世界。再强调一遍，惑的根本原因是邪，邪的本质是执着于主观世界。很多人看似正能量，实际上是脱离现实地打鸡血。

总结：要想获得真正的智慧，从历史中获取能量，一定要客观和主观两个世界一起看，不要走极端。既要关注自己的主观世界，也不能忽略客观世界，因为你的主观就是别人的客观。

我们经常说的主观有三观：人生观、价值观、世界观。世界观是什么？不是你去看世界，而是看见你自己，看见别人，然后两个世界相互连接，你的世界观才是完整的。世界观也是宇宙观，《道德经》里面的世界观才是全面而完整的，见天地，见众生，见自己。

人生观是你看过自己、看过别人后，你内心想要的生活，自己描述出一个属于自己的蓝图。你看到自己有什么，能从客观世界获得什么，然后缔造属于自己每时每刻的幸福。

莎士比亚说过一句话："欲戴其冠，必承其重。"所以，你无须羡慕那些公众人物，包括明星，他们的钱是用更多的自由换来的。所以，我的孩子可以培养才艺，可以有很多爱好，但是，只要他没有强烈意愿，我不会让他当明星。

这一章讲求人之志。这个"志"，理解为方法、智慧、秘诀。"推古验今"，不是单纯地学习历史。你即将进入的那个领域的前辈、老员工，都要向他们学习。

因此，智慧之门打开的方式是不走极端。否则，不可能发挥你的天赋。

十五、神机妙算

> 先揆后度，所以应卒。

一个人之所以能够应对变化，能够在事情刚开始时就做到心中有数，是因为他能够神机妙算吗？如果你也想这样，一定需要引路人，需要智慧。智慧包括历史经验、前人经验，这是第一阶段就要有的。除此之外，你还要能管理大多数人的思想。

卒是军队编制。很多老板喜欢到处学习管理，其实军队管理就是优秀的管理。卒的内核是学会统一，学会同频。要想思想一致，先行动一致，行为和思维相互作用。有人说："不要看一个人说什么，要看他做什么。"这句话只对了一半。你想让别人做什么，就先给他匹配什么指令。

所以，这里的"卒"应译为：像编排军队一样管理，下明确的指令。

这句话的意思是：一个人之所以能够应对变化，能在事情一开始就做到心中有数，是因为他理解了管理的内核就是同频共振，管理思想先从管理行为开始。

下面的人听你指挥了，干扰项减少了，你才能无后顾之忧地做谋划；都不听你指挥，还谈什么应对变化？

其实，人性很简单。人人都可以是上帝，你要什么，就匹配什么样的行动。到了管理的阶段，你不要学习乱七八糟的东西，要学会像军队一样管理潜意识。

《道德经》第六十三章提到："天下之难事，必作于易；天下之大事，必作于细。"管理没有那么复杂，我们眼前摆着这么好的方法论——编制军队，下命令。几千年传下来的方法你不学习，整天学些没用的管理套路，难怪员工不听话。就这种情况，你还想处事不惊，那是不可能的。不要说外患，内忧就够你受的了。

十六、出奇制胜

设变致权，所以解结。

一个人之所以能够出奇制胜，能够把手里的权力用到极致，是因为他不是只站在自己的角度考虑问题。

这句话的关键是"结"。制定方案，让自己的权力真正落地，就需要放弃个人喜好，也就是"结"。

很多公司的行政和人力资源，为什么不受员工待见？包括我自己，曾经都是站在自己的角度去制定规则，自我感动或叫屈。所以，"解结"理解为：你要解开、打开、放开自己。同时，要考虑市场的需求、员工的需求，因为你已经是领导了，不能只做你自己。要做自己也可以，那就要承担做自己带来的因果。所以，这句话再次提醒我们，到了领导阶段，一定要客观，实事求是。

而什么是出奇制胜的方案？为什么能够出奇制胜？因为大多数人活在自己的主观世界，活在自己的想象里，而你实事求是，站在别人的立场上想问题，其他人压根儿想不到。就像《遥远的救世主》一书里，丁元英为什么能打开市场的口子？他有什么高招儿吗？因为他足够客观，他把主观和客观之间的屏障打破了，实事求是，所以出奇制胜。

十七、最高境界

> 括囊顺会，所以无咎。

括囊：结扎袋口。亦喻缄口不言，形容一个人收敛锋芒。顺会：顺应时机，顺势而为，抓住机会。无咎：不后悔。

儒家认为，人生的最高境界是"无咎"。意思就是不后悔，人生无悔。

常有人问，怎么做才能不后悔呢？以前我被人坑，一开始怨天怨地，觉得人心险恶，但是当我明白，世间任何事一旦发生，就成了客观事实，后不后悔都改变不了，我就学会了闭嘴。这样，我才能抓住后面的机会。所以，不要把"无咎"当成人生境界，要把它当成修炼的方法。

这里的关键是，你一旦产生后悔的念头，后面的因果都会发生变化。所谓"一念天堂,一念地狱",说的就是一个念头对因果的影响。你如果把自己的能量都消耗在后悔这件事上,就没有办法推进人生的剧本。

佛家有四句话:"诸行无常,是生灭法,生灭灭已,寂灭为乐。"就像我们的念头,前一个念头过去了,抓不住。观心,观察自己的念头,前一个念头过去了,就让它过去。

《素书》的内容很深,字字珠玑,不仔细研究,就会理解成励志。所以,思考力特别重要。

十八、专注的本质

> 橛橛梗梗,所以立功。

老人言:"无利不起早。"就像做博主的,他发作品,如果天天有人给他点赞,他是不是就会天天写?

一个人能够达到"橛橛梗梗"的状态,能够专注、自控,有意志力,是因为他给自己建立了成功系统。这个"立功",不是建功立业,而是建立成功系统。

作为管理人员,是不是也要用这种方式去管理员工?人都是鼓励出来的,你给不了钱,就要让他"上头"。很多公司的管理层喜欢用物质去激励,用调整工资去激励,结果发现,员工激动不了几天,又打回原形。究其原因,你没有帮助员工建立成功系统。就像玩游戏一样，一旦建立对成功的条件反射，他自己就会享受这种感觉。

《福格行为模型》一书的作者也有同样观点，并给出了具体的方法。大事小事都要给自己奖励，哪怕是瞬间的小确幸，也要设计一套比心和 YES 的激励动作。发给小朋友的小红花，背后就是荣誉，就是成功。

一个人建立了成功系统，遭遇困境时，他心里就会有能量支撑。你想想，意志力、专注力，是不是都需要能量？

黄石公说：一个人之所以不受外界影响，不受自身情绪影响，能够专注自己，是因为他建立了一套成功系统。

十九、从一而终

> 孜孜淑淑，所以保终。

当你把成功系统建立起来，怎么才能保住你所做的一切呢？最后这句话给出了答案：一个人之所以能够勤勉奋发，立于不败之地，是因为他自始至终做一件事。

看看身边很多老板，为什么做不大？总是变来变去。因为变来变去，就没有办法给组织成员安全感，事业也就没有办法完成从量变到质变的过程。

有句话是这样说的："人这一辈子，大多数的理想是实现不了的，能做成一件事就不错了。"作为管理者，你和你的组织能够基业长青，整体能够励精图治、朝气蓬勃，最好的方式就是坚持做一件事。

"真正的人生从四十岁才开始。在那之前，你只是在做调研而已。"这是心理学家荣格说过的一句话。

《论持久战》中的基本论点是："抗日战争是持久战，中国必将取得这场战争的最后胜利。"

人生这场战役，不要觉得自己年纪大，到了中年就有危机了。只要你能够定下来，把自己这辈子要做的那件事确定了，接下来就是不断重复，最终一定能赢得胜利。

以上就是求人之志章的全部内容。黄石公每一句话都是环环相扣，不是简单的求人办事、为人处世，而是对人性的深度认知、对主观和客观的深度连接。

第四章　知行合一就是"神"

本德宗道章第四

夫志，心笃行之术：长莫长于博谋，安莫安于忍辱，先莫先于修德，乐莫乐于好善，神莫神于至诚，明莫明于体物，吉莫吉于知足，苦莫苦于多愿，悲莫悲于精散，病莫病于无常，短莫短于苟得，幽莫幽于贪鄙，孤莫孤于自恃，危莫危于任疑，败莫败于多私。

前面几章，黄石公把从0到1的成长，从1到10、100，再到1000的影响力，以及人性的根源说清楚了。接下来第四章，就要说说德与道如何结合到一起。道与德作为基础，能够生出仁。达到仁的状态，自然就能找到此生的目标。

所以，黄石公把这一章命名为"本德宗道章"：欲成就伟大的事业，就必须以德为根本，以道为宗旨。这就是"知行合一"。

当我发现，一个人的发心、慈悲心、仁爱之心，实际上是能量推动的结果时，恍然大悟。这不就是给自己的内环境打造成功系统，然后不断循环的过程吗？

到底怎样才能做到？这是大多数人无法成事的关键点，因为缺了方法。黄石公用一整章来教导我们，哪些事可以做，哪些行为又阻碍你走向知行合一的康庄大道。

一、致良知

夫志，心笃行之术。

黄石公说："一个人要想确定志向，实现远大的目标，一定要坚定地践行知行合一的技术啊！"

这一章把知行合一显化了。说白了，就是告诉你做哪些事情可以知行合一。"心笃行之术"，"笃"，笃定，坚持。这就是王阳明讲的知行合一，心和行动一定要连接到一起。

那么，问题来了，心是不是潜意识呢？心，是主观世界。只有主观世界才有能量，才能推进一个人的行为。也就是说，一个人的世界是由潜意识搭建起来的。

黄石公说的"夫志"，明确志向，和阳明先生提出的"致良知"有异曲同工之妙。阳明心学的良知，源于《孟子》。孟子说，人不经过学习就能做到的是"良"，不经过思考就可以做到的是"良知"。

也就是说，良知是先天存在人性之中的善念。良知不是道德，而是先天的禀赋。

为什么一个人不经过学习就能做到？人是不是真的不经过学习就能做到"良"？天赋异禀是哪里来的？王阳明说："知善知恶是良知。"知道善恶，明白是非，就是一个人具有良知的表现。良知并不是自然存在于我们的意识当中。既然是禀赋，就需要激活。人是不可能不经过学习就做到"良"的。除了学习书本上的知识之外，还有一个大系统叫"潜意识学习"。

比如，你从婴儿成长为独立的人，跟谁学习生存技能？或者是父母，或者是小伙伴。所以，"致良知"就是让你重视你看不见的那部分，它叫作环境，也叫潜移默化。很多人天天念叨"致良知""知行合一"，但把这两句话分开学习。好的环境是一颗种子，种下去就是良知，能明辨是非善恶。在这个大前提之下再去谈知行合一，要不然就得承受分裂的痛苦。

原生家庭不幸的人，成人后，融入良性的场能中，会被治愈；反之，会越来越悲惨。"致良知"，为什么说良，而不是说恶？因为自古以来都是邪不压正，走正道是全人类共同的追求。所以，知行合一有大前提。

有博主说，婚姻是交易，不行就换一个。那是随心所欲，随自己高不高兴，随利益的变化做决定。有人认为，孩子是累赘，过得不好就离婚。还有人认为，学习如果让人痛苦就不应该学习。这都是为自己的本能宣泄找借口。

这就像学习武功秘籍中的招数，却没有学习心法。什么是心法？心法是天道规律，是环境，是场，也是《道德经》中老子反反复复提到的"无"。没有这个心法做基础，招数用不了。

没有心法，最多是花拳绣腿。但是，如果种的是恶的种子，就会走火入魔。这就像很多高知分子，如果种的是恶的种子，有文化比没有文化更可怕。

陆九渊说："吾心即宇宙，宇宙即吾心。"正所谓"道生一，一生二，二生三，三生万物"，宇宙法则是一切往好的方向发展，从存在的那一天起，就是生生不息地运转。人心也是一样。

很多人迷茫，目标总是找不到。"夫志，心笃行之术。"这句话明确告诉我们，先践行知行合一的技术。知行合一是有模型的，这里要提一个行为设计学模型——福格行为模型。决定一个人行动的要素有三个：第一是动机，第二是能力，第三就是提示。就像使用微信，为了沟通交流就是动机；你能打开微信就是能力；你看见小红点，把它点开，这就是提示。为什么会对微信上瘾？因为行为模型简单，你就会天天使用。

回归到自己身上，知行合一的秘密就是：天下之难事，必作于易。

在这个知行合一模型的不断推动下，慢慢达到知行合一的状态，仁自然就出来了。就像我目前做的这些事，是被我的社群小伙伴推动的，不是我原本想要做的。

而找不到这个状态会怎样呢？

《倚天屠龙记》中的周芷若知道倚天剑屠龙刀互砍，就能得到武功秘籍。倚天剑和屠龙刀互砍，就是知行合一。但她受了情伤，她的种子是仇恨，这令她黑化，用这个秘籍害了很多人。这颗种子就是原生家庭种下的，她认为张无忌背弃了她，恶的种子被激活了。

而那些没有内功、没有种子的人呢？很多人做自媒体，哎呀，怎么没有流量啊？然后，去学习各种技巧。你连500字都码不出来，在哪儿看你的文章？还有很多人花大价钱去学习个人IP的打造，你自己没有基础，能打造出来？

所以，本章第一句就告诉我们：要想把求人之志真正用出来，真正运用人性，首先要知道武功秘籍生效的根本——"夫志，心笃行之术"。一定要知行合一。

二、长期主义

> 长莫长于博谋。

这里的关键字是"莫"，莫不是，难道不是。

这句话的结构是：一件事、一段关系维持得长久，难道不是因为深谋远虑吗？深谋远虑是字面意思，实际上应该译为具备长期价值的思维模式。

之所以能长久，是因为具备长期价值的思维模式。天地万物，能够持久的一定是具备长期价值的。思维也好，人、事、物也好，都是这样。

所以，这一章开篇，黄石公就给我们打了预防针，要想践行"心笃行之术"，一定要具备长期价值的思维模式。首先，要按照 1 年去计划，而不是 1 个月。如果按照 10 年去计划，和按照 1 年去计划又不一样。

所以，长久地维持一段关系也好，或者做一件事也好，首先要调整自己的心态，要有长期价值的思维模式。当我意识到时间法则的魔力后，我对做圈子这件事，是按照 10 年来规划的。

这可不是灌鸡汤。举个例子，当你准备参加考试，什么时候最焦虑？是不是越临近考试越紧张？所以，如果把期限定在 1 年，快到年底时没有完成目标，你的焦虑就出来了。但是，如果以 3 年为期限呢？是不是就会淡定很多？当焦虑消失，你的能量才不会被消耗，你才能做到"心笃行之术"。

2023 年爆火的电视剧《狂飙》，主演张颂文，47 岁。毕业第一年，他见了 360 多个剧组，全军覆没；第二年，他的自尊心有点儿受不了，数字缩减到 280 多个。"三年之间，大概见了七八百个剧组，被七八百个剧组否定。"

但他始终为梦想而努力。看看他是怎么规划的？"我把表演规划到自己死的那天。"这句话一下子触动了人们的心灵。一个人把规划的时间节点设置为死的那天，还会焦虑吗？

我们见到太多人一夜暴富，也见到太多的人急功近利，以及太多的年轻企业家崛起，认为"出名要趁早"。但是，如果脱离时代大背景，纯粹靠自己，几乎是不可能成功的。而太多的人在时代洪流中失去自我，没了长期主义的概念。

"长莫长于博谋"，当长期主义消除急功近利带来的焦虑感，你就能持久地做一件事，长久地维持一段关系。当你知道，一代为了一代的优化而奋斗，自然就不会执着于自己这辈子一定要成功。

很多人的成功，往小说，是父母给你打好了基础，至少通过一代人的努力；往大说，向前追溯，是先辈少则几十年，多则上百年的努力。所以，长期主义这种思维形成后，感恩心才会形成。

三、情绪价值

安莫安于忍辱。

最安全的方法，难道不是忍受屈辱吗？

这里的关键是，为什么要忍？很多人不会情绪管理，是因为不知道情绪带来的因果。就像我们经常说，人一定要有大格局。我为什么要有大格局？为什么要忍？那人讨厌，我凭什么要忍？看，又回到开篇提到的思维模型：从"为什么"开始。

讲讲我五年前治疗咽炎的经历，那一次让我知道了，很多问题都是因为不能忍。

咽炎是我从小落下的病根，只要感冒就会犯。刚好那次参加内观课时生病了，每天咳，整个练习室都是我的咳嗽声。我的咽炎一旦在冬天发病，几乎就会持续整个冬天。就这样，我咳了一周。

过了七八天，指导老师把我叫过去了，我以为要把我劝退。结果，和指导老师交流了不到十分钟，回去时我的咽炎好了。大家是不是好奇，怎么就突然好了？难道给了我灵丹妙药？

身边和我一起练习的同学，一直忍到半个月结束才问我，为什么咳了一周，然后被叫走后就好了。这不是编故事。其实，原理简单得让人难以置信。指导老师告诉我："你的病早就好了，你咳嗽是因为你有憎恨心。"我问："什么是憎恨心？"她说："就是你眼里容不得沙子。这是一种习惯性思维。"

我以前确实是一个眼里容不得沙子的人，指导老师说得很对。她说："你嗓子不舒服是感冒引起的，但是你的感冒已经好了，为什么还一直咳嗽？感冒的过程中，嗓子有痰，这其实就是炎症反应，身体在修复时的一个产物。因为你容不得它，就会拼命地把它咳出去。每一次咳，喉咙都会产生剧烈震动。快要好的时候，即使没有痰了，你还容不得一点点的不舒服，便会再次产生震动。"

所以，先前的咳嗽是感冒引起的，后面一直好不了，是我的憎恨心不能学会包容，对自己的喉咙造成二次伤害。

当然，指导老师没有说得这么细致，她就跟我说了一个憎恨心，我当下就悟了。

我说："那我该怎么办？"她说："你再想咳的时候，就忍着，哪怕忍得眼泪鼻涕都流出来。能忍十分钟，就不会再发病。"我忍了不到5分钟，忍到喉咙像有几百只蚂蚁在爬，忍到眼泪鼻涕都流出来，后来就再也没有发病。

所以，现在知道为什么要忍了吗？忍不是因为要包容别人，而是不让自己受到二次伤害。别人的伤害可能是一次性的，但是，如果你一点儿伤害都忍受不了，这个伤害就会重复。

就像祥林嫂，"我真傻，真的"，她每重复一次口头禅，都是在给自己造成二次伤害，都是在对自己进行诅咒。

我们父母那一辈很少有离婚的，他们很能忍，哪怕是为了孩子。因为随意离婚会破坏整个系统，破坏系统中的生生不息，还将个人成长的路给堵住了。

两口子吵架，或者三观不合，这都是婚姻要经历的。本来就是两个系统融合的过程，两个家庭就是两套系统。即使原生家庭再相似，三观再一致，也有不同的地方。有人成长了，再把这个道理传给子女；如果不成长，离婚了，成长的机会就没有了。我们父母那一辈，知道要忍，但可能不知道为什么。我们一定要知道为什么忍。

所以，每每看清楚我们中国的文化，都会感慨"生于华夏，何其有幸"而热泪盈眶。

有人问："如果第三者插足，应该怎么解决？"第三者插足，要看到什么程度。是一时迷失，还是一错再错？如果是在古代，一时迷失，系统受到干扰，大家长都会干涉，路还会继续走；如果屡教不改，像电视剧《知否？知否？应是绿肥红瘦》里面的孙秀才，一开始就选错了，大家长也积极干涉，送田地，送铺子，还是不行，那就要分开。淑兰这一方是做到位了，这个度可以了。这就是扬汤止沸和釜底抽薪的区别。

所以，不是离婚不行，要具体分析。

"安莫安于忍辱"，这句话告诉我们：先选择系统干预，先忍。忍的本质不是让你憋屈，而是不让情绪占上风。所以，这是把忍作为一种手段。

当下离婚的风气盛行，是不是一时冲动？人非圣贤，孰能无过？人在情绪上头时作出决定，演化成悲剧的不是没有。所以，忍是方法，内核是掌控情绪。

再看这句话："安莫安于忍辱。"最安全的方法，难道不是知道为什么要忍吗？

明确志向，遵从自己内心的意愿，难不难？"长莫长于博谋，安莫安于忍辱"，这两句的核心是长期价值和情绪价值。

四、成为"头部"

先莫先于修德。

这句话是告诉我们成为领头羊的方法。"先"是领先的意思。能够领先，走在前面，难道不是因为积蓄了能量（势能）吗？

那么，问题来了，德是什么？修的是什么德？我们前面讲了那么多，都是关于德。想在这个时代处于领先地位，仅仅发现风口是不够的，还要有抓住风口的眼光和智慧。

就拿拼多多举例。它为什么能够崛起？淘宝可谓占尽先机，拼多多为什么能把蛋糕硬切下来一块？

马云为什么能够占尽先机？是不是也因为他过去的经历为自己蓄势？也就是说，他积累了德，才有机会抓住时代的风口。黄峥也干过淘宝代运营，深知小卖家的处境与难处，做的是不是也在蓄势？所以，我们会发现，这两人成为那个"先"，根本原因不是运气，而是德。蓄势够了，势能够了，眼光到了，自然就成为"先"。不存在谁先来谁后来的问题，德才是根本。

再看看我做传统文化这件事。我是第一个做的吗？不是。实际上很多人做，但有些人还未深入，就把传统文化商业化。一知半解，只学得传统文化的形，并未领悟其内核，就去"割韭菜"，把根割断了。

我做这个圈子是后来者，能不能成？如果看运气、时机，肯定不成。所以，成为领先，运气、时机是不是决定性因素？不是，最多是锦上添花。根本是积蓄势能，也就是德。

对方需要什么，痛点在哪里，该用什么方法运作，应该选择什么样的人，这些都是我给别人做运营得来的经验。所以，修德才能得到，修德才能立于不败之地，而不是盯着眼前的那点儿工资。在过往的职业生涯中，经常有人说我傻，说我被老板PUA，被人利用。他们压根儿不懂修德，不懂获取机会的重要性。钱会很快花完，但能力、见识、眼光是随着岁月积蓄下来的。

所以，这一整章都是告诉我们怎么知行合一。"先莫先于修德"

这句告诉我们，领先是因为修德，是因为积蓄能量。这样，才能基业长青。

五、最舒服的距离

> 乐莫乐于好善。

这句话，重点在于"好"。不是好坏的好，而是四声 hào。意思是"喜爱、喜欢"。作名词时，它还可指圆形玉器、铜钱中间的孔。

人际交往中，如何才能让别人心甘情愿和你交往，感到快乐？答案就是好善，并且把握好善良的尺度。与人交往，贵在以诚相待，但你的真诚、你的善良，一定要有分寸。这样，别人才愿意接近你。靠别人太近，没有任何空间，这样的交往是令人窒息的。

社群运营也要把握好尺度。除了讲课和发通知以外，大家不问，我们的运营和讲师不会在群里说话，因为"好为人师"是大忌。

铜钱因为有中间的孔才值钱。如果没有中间这个孔，那就是一块铜。

这和《道德经》第十一章讲的"无为之用"有异曲同工之妙。杯子因为有了空间才有用，房子因为有了空间才能住人。

那天我看了一个短视频，某专家说我们中国的电视剧品质不行，欧美电视剧很厉害，说看国产电视剧时，中途去喝喝水、嗑嗑瓜子，回来剧情都能接上，而欧美电视剧全程无"尿点"。大家思考一下，到底谁的好？

举个例子。剧本是30集，拍完是45集，在短视频平台看，是不是一个小时可以全看完，刺不刺激？但是看完，你有放松的感觉吗？有没有感觉莫名的空虚？把精彩片段都剪辑出来了，所以全是干货。因为全是干货，没有"尿点"，所以你的能量不断被刺激。一个人的感受度是有阈值的。当你不断被刺激，就像吃饭一样，天天吃重口味，阈值就会降低。天天看刺激、无"尿点"的美国大片，阈值慢慢降低，你就会越来越挑剔，感受快乐兴奋的能力就会越来越弱。为什么？因为美国大片全是"有"。中国的电视剧家家户户看，是主流，因为它符合道，既能够表达主旋律，又能够给你松弛的时间。

很多人的完美情结怎么来的？是文化熏陶出来的。我们的电视剧，主旋律就是"有"，根正苗红，而注水剧情，就是那个"无"。这叫劳逸结合。这和我们做事一模一样，事情发展不会一直热，需要适当停一停。当下很多解决不了的事情，不要焦虑，慢慢来。从这个角度去看待任何事物，焦虑会少很多。

"乐莫乐于好善"，这句话是说：在人际交往中，打造舒适的感觉，让别人喜欢你，让自己变得有价值，最重要的就是把握尺度。有空间的关系，才能长久和令人愉悦。

黄石公的每一句话都在传授知行合一的落地步骤。不能把握"有""无"的尺度，是大多数人不能有效社交的真实原因。

六、神明境界

> 神莫神于至诚。

如何才能达到神明的境界？难道不是因为诚？

这个"诚"应该怎么理解？理解为真诚也没毛病，真诚对待自己的内心。按照自己的潜意识去做，就是实事求是。潜意识就是你的神。

"至诚"匹配的行为是什么？不断重复这件事。实事求是地做事，就是神。

现实社会，普通人就是因为做不到实事求是而选择走捷径，结果无法完成从量变到质变的过程。佛家讲轮回，即同样的模式不断重复。就像电影《回路人生》中，主角看不到破局的关键点，永远重复同样的一天。

我们村有个人，很穷，但是再穷，也不会穷那一口烟。我家是东北的，一到冬天就冻脚冻到脚裂。我父亲经营一家小超市，每次提到这个人都说，他连5块钱一双的防冻裂袜子都舍不得买，但是会花100多块买一条还不错的烟。所以，他控制不住他大脑中的神，他的神是及时享乐，他不愿意实事求是地面对生活。所以，就只能受穷。

什么是神明境界？就是你的潜意识。在农村，很多人世世代代都等着救济。有句话说："杀富富不去，救贫贫不离。"因为他们大脑中的神不对。有些农民大脑中的神是勤劳，日子过得很好，虽然不如城里人风光、有地位，但一样能培养出人才；有些农民大脑中的神是贪婪，是魔鬼，是欲望，一有机会就变成催命符。

所以，改变命运的关键因素是不是"大脑中的神"？王阳明说"致良知"，良知就是这个神。

《道德经》中有句话："天下皆知美之为美，斯恶已。皆知善之为善，斯不善已。"当主观和客观分裂造成对立，当你的内心和客观世界对着干，就会形成坚不可摧的壁垒。你把自己的主观和客观世界分离开来，就会很别扭，就不会有行动力，自然就不能成为神，也不能换掉你原来的神。所以，看到改变的关键处了吗？都说潜意识很难改，但是在群体中很容易产生行动，因为有了连接。所以，成为神，换掉你大脑中的神，需要不断地连接。这个连接的方法就是用"至诚之心"。

不懂这个道理，活着就是一件很难的事。懂得这个道理，万法归一。当你大脑中的知识宫殿有了第一根支柱时，知识就慢慢变成体系。

"神莫神于至诚"，"神"就是不断重复，重复多了，你就了解自己了。了解了自己，你就了解了大部分人性。

七、做个明白人

明莫明于体物。

成为一个明白人,难道不是因为了解了事物的本质吗?

这里需要补充,如何了解事物的本质?我是一切的根源,我心即宇宙。所以,了解事物的本质,首先要向内看,了解自己。了解事物的本质是有顺序的,要先了解自己。比如做生意,第一步是什么?先看自己有什么,我克服了什么,我解决了什么,我就能够成为这方面的领导者。这是信任的积累。

知识付费刚刚兴起的时候,有人不卖课程,光是建立社群,用押金的形式,也能做得很好。成为明白人,具备这个智慧,需要你去发现自己,而不是一下子搞个大的。有很多人发晚安短信,一个月还能入十几万。这些你能不能做?为什么明明能做,但就是没有做呢?因为你焦虑,丧失了对自己的觉察和了解。

那么,怎么能"体物"呢?乔布斯为什么能把苹果手机做得这么好?说实在的,我不喜欢用苹果手机,但是乔布斯的设计确实很用心。乔布斯每天都会花时间去冥想,清空自己。他去世后,苹果手机的设计越来越不尽如人意。

所以,不能成为明白人,归根到底,还是没有看明白自己,天天被人牵着走。每天,我们需要一段完全属于自己的时间,哪怕只有十分钟。

比如，你找到自己的一个优点，能早起，你就去做这件事。在做的过程中，你就收获了粉丝，粉丝就是你智慧的结晶。就像我很喜欢讲课，很多人也喜欢听我的观点；我喜欢写短评，有人认可我的思维模式。我就拥有了基础的种子，就开始影响更多的人。我虽不是百万粉丝博主，但是我的粉丝非常精准，价值很高。所以，不要想着一下子全有，踏踏实实地积累，哪有什么做不成的？

黄石公告诉我们，这就是"明莫明于体物"。做个明白人，花时间了解事物的本质，而这个本质是简简单单的。

电视剧《鸡毛飞上天》，演绎了陈江河的继子王旭和干女儿邱岩的感情。王旭从小自卑，没有安全感，所以一直是求认可的状态；上学的时候就想着赚钱，想着证明自己，为人处世也特别"抠"。他和邱岩从小青梅竹马，相互也有好感，每次出现竞争对手，王旭就像炸毛一样，害怕失去邱岩。后来，陈江河把邱岩派到欧洲去配合一个合作伙伴。这个合作伙伴叫莱昂，高大帅气。王旭觉得继父不拿他当亲儿子，于是负气去救灾，结果救灾的过程中被疗愈了。一个小女孩叫小玉，从小聋哑，又失去了妈妈，王旭悉心照顾她。在这个过程中，他发现钱不是最重要的。在一次茶展商会上，他揭穿了主持人提前编好的故事，也真正理解了继父的苦心。

邱岩从欧洲回来，把莱昂送的项链寄还回去，信中她写了这样一段话："这条项链我在飞机上戴了6个小时，它太重了，我受不了它的重量，所以物归原主。"她一直戴着王旭送给她的玉珠集团的样品。王旭送她样品，确实很小气。很多女孩谈恋爱，喜欢男孩大方，但为什么邱岩把莱昂送给她的昂贵的项链归还,而选择戴王旭送的样品?因为莱昂为了打赢商业战争不择手段,一心想打垮别人,哪怕他的行为是合法的,他背弃了信义。而我们中国人做生意是信义第一,是"神莫神于至诚"这颗民族的种子。邱岩忠于她自己大脑中的神,她忠于自己的神明,而不是丛林法则。莱昂高大帅气,也具备女人欣赏的英雄气质,但这种气质是野狼般的,沾染了血腥。所以,邱岩说,你的项链很重,我受不了它的重量。再看王旭,虽然小气,但是心地善良。

所以,选男人看品质。即使再有商业头脑,没有责任和担当,最后也是竹篮打水一场空。人生上半场,你自己都能搞定,但是下半辈子,生病怎么办?住院怎么办?你父母有事,这个男人只给钱不管人,怎么办?如果没有给你的儿子种下一颗好的种子,你的晚年会如何?所以,我们从这个角度去选另一半。不是看人生上半场,因为当你年老体衰,那种老无所依的孤独感是钱解决不了的。

剧中的骆玉珠,嫁的第一个男人很穷,但是为了她,拼死拼活地加班。所以,她能踏踏实实过日子。我们要把眼睛擦亮,想想你的下半场和你的儿子、你的孙子。要不然,钱有了,人没了,年纪大点儿,再来个第三者插足,心也没了。为什么会有第三者插足?我把这个逻辑给你们讲清楚。因为你们一开始的结合,可能就是基于条件匹配,也就是家庭条件合适、社会条件合适,而没有责任担当这些精神层面的基础。到四五十岁,有了一定的物质条件,也有时间了,而你们的关系不是建立在责任担当这些优秀品质上。这时,两人就会外求。所以，红颜知己或者蓝颜知己就出来了。没有责任担当作为基础，这就是问题的关键点。我们父母那一辈少有离婚的，因为大多数都是父母给选的，我们的爷爷奶奶会考察品行。所以，古人讲门当户对是有一定道理的。

现在我们看到的社会现象，不是一两天形成的。我们学习中国文化，不是为了照搬照抄，或者复古，而是了解其精髓，吸取经验。

智慧是什么？就是把民族不变的东西找出来。这些就是我们作为一个中国人的根本，你就适应这片土壤。又回到老子说的，事物没有对错，都是相对的。

有人问，温良是不是良知？良知不是单纯某个品质。温良恭俭让，仁义礼智信，忠孝廉耻勇，这些都是种子。只要你种下一颗，就是生生不息，也是财富。你会发现，每颗种子都不一样，你就挑那个最适合自己的。养孩子也是一样，让这颗种子发挥到极致，这辈子就圆满了。不要去和别人比，一比就成了竞争，就不专注自己了。

怎么了解自己呢？

这个问题问得好。你在这个环境里，什么事让你最兴奋，这就是你自己。一个人只有做自己才最幸福。就像我喜欢写文字，有人看，我就很幸福。一开始可能不会带来什么好处，但是，认可我的人越来越多，我就越来越富有，就有人愿意和我一起做事。小圈子有了影响力，也就具备了商业价值。

八、降维打击

> 吉莫吉于知足。

上句是要你做一个明白人。问题来了，做明白人，要做到哪些？这一句就告诉你对策："吉莫吉于知足。"

怎么理解？不是理解成知足者常乐吗？这不能说有错。很多翻译有两套系统，一千个读者有一千个哈姆雷特。联系上下文，这个"足"，除了知足，还可以理解为准备充分。

一个人想一帆风顺，准备充分是必要条件。就像带兵打仗一样，不打无准备的仗。"机会是给有准备的人"。

这句话其实是告诉我们：好运气的根源，就是多准备，不要幻想。准备越充分，当运气来的时候，你的命就会越好。老人经常说，你要学习一门技术。技术是我们父母那个年代的常用语；用现在的话，叫核心竞争力。但这个核心竞争力不一定非得是顶尖的，因为如果你要求自己顶尖，又可能走向极端。

我们学了《道德经》都知道，优不优秀是相对的。现实中，我们不一定比得过那些专家，因为人外有人，天外有天。但是，跳出这个比拼的维度，有一种思维叫寻找同频，降维打击。"田忌赛马"的故事告诉我们，要有智慧地去让自己立足。如果你不足，还要去跟别人比，就应了一个比较火的词——"内卷"。

"足"也是脚，代表根基，踏踏实实打好根基，哪怕很不起眼。

中国十几亿人口，由于直播的出现，是不是很多不起眼的小优势都能出圈且不断放大？

前一句是"明莫明于体物"，了解事物的本质，建立自己的根基也是你必须做的事情。就像我现在做的事情，当我意识到时间法则，便开始积累，不到半年，根就立住了。"吉莫吉于知足"，当你不再和其他人比，你的心就能定下来，找到人生的赛道，你就赢得了好的开始。所以，一个人的好运气，来自"知足"。

接下来的准备过程中，会出现什么问题呢？

九、激光思维

苦莫苦于多愿。

阳光和激光，哪一个威力大？激光的威力大。这种威力，正是由于入射光子与受激辐射光子具有相同的频率和方向。相较而言，平时我们见到的自然光只是一种散光。

投资圈里有个传言：巴菲特和比尔·盖茨第一次见面时，比尔·盖茨的父亲问两人一个问题——人生最重要的品质是什么？两人居然不约而同地给出了同一个答案——Focus（聚焦）。

传言从哪里来的无从考证，但这两人的确在专注方面做得非常好。

在我眼里，聚焦不仅是一种品质，更是一种策略。

前面提到了"吉莫吉于知足"，黄石公告诫我们根基的重要性。当一个人赢得了基础的好运气，运作的过程中可能出现目标过多的问题。这很正常。比如你是一个互联网新星，马上就会有人找你。我一直强调，成功路上会有很多诱惑，这些诱惑都是为你跃迁下一步设置的。

假设你获得一笔意外之财，怎么处理？按老人的说法，这是偏财。获得机会也好，获得财富也好，这些都是来考验你的，每个人的一生中都可能碰到。学会正确地转化，你就配得上这个名声或财富，从此提升一个阶段。

所以，"苦莫苦于多愿"是一种警示。它提醒我们，做一件事，不要什么都想要，欲望太多，苦就开始了。

当你运气好的时候，上天同时会给予你很多选择。比如，某个明星爆火，就会有一堆代言找上门。这个时候，就看他要什么了。如果不懂得爱惜自己的羽毛，钱是到手了，但日后没有出色的作品，热度消退，或许过得还不如从前。

所以，选择多了，实际上潜伏着危机。这句话蕴含很深的哲理，就像太极图之阴阳，机遇和危险是并存的。

什么是愿？目标。上一句告诉我们建立根基的重要性，这一句就提醒我们建立根基，切忌目标过多。

十、苦难的根源

悲莫悲于精散。

《素书》很有意思，上下文都有联系。上一句刚刚提醒，"苦莫苦于多愿"，强调聚焦的重要性，这一句又提醒，"悲莫悲于精散"。

要读懂这句话，不能单纯地把"悲"理解为一种情绪。悲的含义很多。"悲"，出自佛教，苦难的意思。苦难本身就包含很多情绪，自然也包含悲伤、痛苦。

一个人痛苦的根源是目标过多，苦难的根源则是精力分散。

就拿我们每日的工作举例。很多白领上班就像上坟一样，为什么？工作量大吗？其实，认真想一想都能想明白，你工作量再大，能大得过搬运工？能大得过工地上搬砖盖大楼的？能大得过忙起来连轴转的医护工作者？能大得过写代码不到中年就谢顶的程序员？

可是，为什么会那么痛苦？刚刚我列举的那些岗位，无论是脑力劳动，还是体力劳动，都只能集中精力，因为他们的工作容不得胡思乱想。

而你呢？你自己也知道，虽然规定每天8小时的工作，实际上，可能2小时就能搞定。剩下的6小时哪里去了？甚至有些人加班还做不完2小时应该做完的工作。原因很简单，你把时间都花在抱怨上，你把时间都用在摸鱼上，你把时间都用在情绪处理上。

人际关系也一样。你认为是老板刁难你，你认为是客户给你出难题，实际上是忽略了工作的本质，造成时间不自由的假象。这也是你苦难的根源。

有人会问，精力和目标有什么关联？我只能说，两者同出而异名。如果有多个目标，你的精力必然分散。你在一段关系中，不断消耗自己，不可能有明确的结果。所以，"悲莫悲于精散"。从能量的角度去解释，精力过于分散是导致你痛苦的根源。

说到这里，如果你还是蒙圈，我再举个例子。在职场上，如果你选择取悦每一个人，这就是目标过多，你就只能成为职场老黄牛，而且是存在感最低的那个，因为你靠消耗自我完成目标；如果你选择取悦一个，比如老板，极大程度上你会成为他极为信赖的人，这时你会拥有另外一种力量。这个力量有可能是权力，也有可能是资源。

做自媒体的知道有个词叫"垂直领域"。有人整天追着热点跑，就是没流量，因为他没有找到他的垂直领域，只能不断消耗自己。我做自媒体很轻松，因为我的公域流量平台只垂直于一类人，而不是什么都想要，所以我的精力不会分散。

如果"多愿"是因，"精散"就是果。目标管理做得不好，却有个好结果，那才不正常。所以，不要做消耗能量的事。好好吃饭，好好睡觉，不跟磁场不合的人在一起，不做不适合自己的事情。好不容易建立根基，也有目标了，和什么人接触很重要，每天活在当下很重要；否则，精力被动消耗，苦难就来了，就陷入恶性循环。

十一、真正的活法

病莫病于无常。

这里的"病"不单单指疾病，还指疲劳、担忧等一些不好的状态。

"悲莫悲于精散"，讲了精力的重要性。那么，怎么才能做到精力不分散呢？大多数人无法开始，原因是不知道从哪里开始。"病莫病于无常"说出了问题的根源，同时给出了方法。

不好的状态来自"无常"，疾病来自"无常"，即不规律的生活。人生无常听过吗？对人生没有掌控力，随波逐流，有人因此认了命。

改变命运的第一步，一定是抓住规律。比如，保持规律的锻炼，不再纠结周三训练还是周五训练，而是每天至少做一项运动；保持节奏，不再纠结到底要不要看书，而是每天翻开两页。

作为管理者，如何才能让员工摆脱不好的状态？首先就是调整"无常"，不要反反复复，不要朝令夕改，规章制度不要三天两头地变，做项目不要每天七八个想法；否则，你的组织不生病都有违天理。

我强调一下，开会很重要。固定时间开会，到了开会的时间就赶紧组织员工开会，不要认为这是无用功。这是在打造组织内部的频率和节奏感。

个人的生活、工作也是一样。不要羡慕那种一年工作1个月，剩下 11 个月休息的人，他们未必过得比你幸福。11 个月的自由，如果安排不好就是一种透支。有人会跟我杠："或许人家那 1 个月也很轻松呢？"你不要看那 1 个月，我说的是要看剩下的 11 个月。如果 11 个月都在旅游、玩耍，也是不健康的状态。不信，你就试试。

没钱时会羡慕有钱人，但从来没想过，有钱之后该怎么办？你的大脑中没有具体画面，这也是"吸引力法则"无法生效的原因。

所以，黄石公告诫世人，"病莫病于无常"。要想摆脱人生无常，获得掌控感，摆脱负面消耗的状态，让人生保持节奏，第一步就是规律起来。生活也好，工作也好，这是摆脱不良状态的不二法门，也是普通人入门最快的方法。

十二、永生的力量

> 短莫短于苟得。

"短"有很多种理解，比如周期很短，比如做生意不长久，比如总是失败。就像很多新开的公司，半年就黄了。现实中，有美容院、健身房还没开业，老板就收钱跑路，这甚至成了一种骗钱模式。看起来收钱收得很高兴是吧，但是这个钱留得住吗？

一个人成不了事，或者总是昙花一现，是因为想不劳而获。

有人说，不劳而获怎么了？会有什么后果？

讲一个真实的例子。我一个朋友，她办卡的健身房老板跑路了，还是一个经营了 10 多年的健身房。健身房搞周年庆，她充值 2 万多，结果老板卷钱跑了。后来被抓，钱没在他手里，也没给员工发工资，也没用来支付场地费用。用来干什么了？跑去澳门，一夜之间全赌没了。经营 10 多年，也算有口碑了，要不然会员不会充值那么多，结果锒铛入狱。

有时候，破了底线，后面再怎么努力都没有用。也许，你并没有违法，但是情理上永远没有出头之日。想通过收割别人不劳而获，没有认真去培育根，就永远在底层。

曾仕强教授说过一句话："你成为一个中国人是几辈子修来的。"听了这话，会不会觉得很奇怪？他说这话是不是宣传爱国？但是，很多人并不知道为什么爱国。就像天天谈论感恩父母，但是不清楚为什么感恩，凭什么感恩。我敢说，很多人对原生家庭都有很大抱怨，认为自己的苦难都是原生家庭带来的，忽略了原生家庭给的根。

感恩父母，不是感谢生养之恩，不是因为父母给予了我们生命；否则，就会有"杠精"说："他们生养我，也没有经过我同意。我不过是他们风花雪月的产物。"如果是从这个角度，对父母的感情扭曲，王阳明心学就永远也学不会。

感恩是因为，父母和国家给了一颗良知的种子，让我们可以培育浇灌。想想看，从小接受的九年义务教育，然后是三年高中，哪本书上写了不劳而获？

我之前就说过，我们的人生不是拼上半场，上半场是用来养根的，是用来获取智慧活明白的。你如果选择"苟得"，自然就不会长久。上半场把自己消耗掉了，下半场就会很惨，想要东山再起，难上加难。

罗永浩为什么可以短短几年还掉几个亿？他坚持不走公司破产流程，钱自己来还，这就是"义"。用我们老百姓的话，他够义气，不赖账。把话又说回来，"短莫短于苟得"，一个人想要不劳而获，就会付出更大的代价。

想不劳而获，就是和魔鬼做交易。电视剧《第八号当铺》中，那些和魔鬼交易的人后来怎么样了？那些买彩票中了大奖的后来怎么样了？那些整容上瘾的后来怎么样了？那些靠不吃饭瘦下来的最后怎么样了？恶性循环，比原来更惨。电影《夏洛特烦恼》中，当夏洛可以预知未来，获得了荣誉、财富，在这之后呢？

大多数人都渴望一个东西叫"自由"，你躺平几天试试？就半个月，想几点睡就几点睡，想几点起就几点起，要吃有吃，要喝有喝，试试会怎样？自由不是绝对的自由，而要在生命保持节奏感的前提之下。当你没有物质的苦，又没有树立长远目标，则会是另一种苦，叫作无聊、空虚。很多人说，我有了钱就好了，真的吗？有钱了，节奏感可能就乱了。其实，人生不在于吃不吃苦，而在于平衡。平衡了，财富就来了。

所以，"短莫短于苟得"这句话，不能简单理解为不要短期主义，而要结合之前的一句话"长莫长于博谋"。人是有生命周期的，如图4.1，而在智慧层面，人的成长是螺旋式的，如图4.2。怎么理解呢？

第四章 知行合一就是"神"

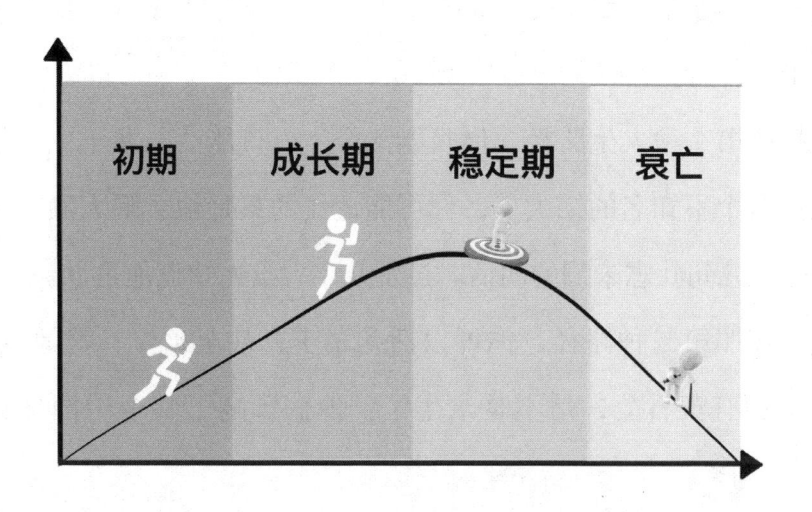

图4.1 人的生命周期

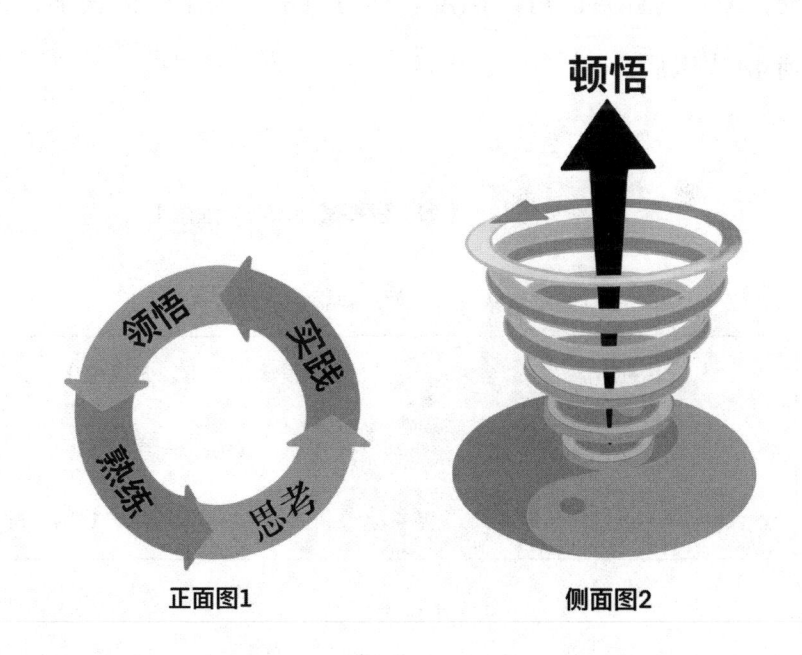

正面图1　　　　　　侧面图2

图4.2 人在智慧层面的成长

图 4.1 对应的心态是：我老了，没用了，生命的趋势是向下的。

图4.2呢？随着年龄增长，身体在衰退，但智慧增长了，我为下一代留下了智慧。

按照第一种人生路径，你只能活今生，只能活一辈子。就像你祖宗里有个不知名的二大爷，你可能记住的只是他会喝大酒，喝完酒只会说几句壮志未酬的胡话。过了几年，没人知道他是谁。

而按照第二种路径，你可以活几辈子，甚至永生。就像老子、孔子，还有黄石公，是不是永生了？他们影响了整个中国文化的走向。

所以，如何理解智慧？就像女人挑男人一样，不是挑人生的上半场，上半场你自己可以搞定。学习也不是为了眼前去学，而要能看到40岁以后。

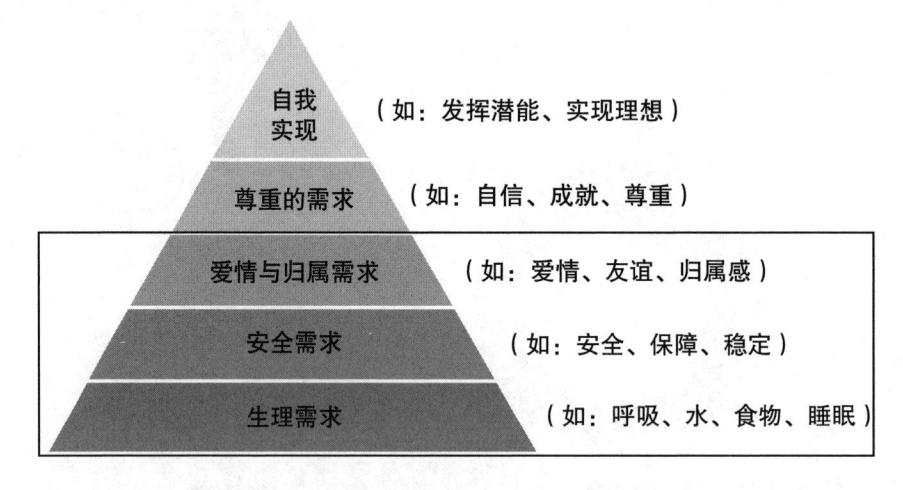

图4.3 马斯洛五个需求层次

当你知道这些，并且找到这样的环境，焦虑就消失了，心才能定下来。我们都知道，做事或者挣钱，瞎努力是没有用的，一定要将心定下来。

根据马斯洛需求层次理论（图 4.3），你把下面三层的需求实现了，基本能过上幸福生活，经营好自己的小家没问题。如果你想活200岁，也就是说，你去另外一个世界了，曾孙还知道你这个祖宗，那就要建立基业；如果想要更长一点，想在某个领域有所建树，那就要继续往上走。这要看你想活多久。

简单地说，影响力确定了，你就不会活在虚无缥缈中，整天害怕这个害怕那个。即使换了环境，换了人，依然内心坚定。梦想是虚无的东西，需要不断地在环境中生长。所以，当你摒弃了不劳而获的思想，就等同于为你的下半生、为你的后代，种下一颗接近永生的种子。

十三、负面情绪

> 幽莫幽于贪鄙。

一个人是怎么变坏的？一个人是怎么遭遇困境的？这个"幽"有多种解释，但都是极端、负面的。"贪鄙"，贪婪，没有远见。

一个人陷于困境不是无缘无故的，这个世界上，不存在无妄之灾。电影《肖申克的救赎》中，人们都认为自己是无辜的，最后只有男主角安迪认识到当年的无妄之灾是自己造成的。如果没有对事业的极致追求，如果没有对妻子的忽略，他的无妄之灾就没机会出现。认为自己的困境都是别人造成的，这是对生命最大的误解。"幽莫幽于贪鄙"，告诉我们困境的根源。

比如，有些娱乐圈明星，为什么被雪藏？有人说，出头做了什么坏事。那为什么会出头？为什么会得罪人？难道不是因为争强好胜？有多少人做慈善，不是为了私欲？所以，结果并不好。

幽是光的反面。一个人见不得光，是因为贪恋光。太想要这个东西，最后反而得不到。所以，老话说，"枪打出头鸟"。这件事能不能做，取决于你的位置。有人要言论自由，有人吃着中国的饭，却干放下筷子骂娘的事。

这句话不难理解，人遭遇困境一定是有原因的，但大多数人不去思考这个因果关系，而是用情绪去解决问题。

你的贫穷、你的阶层、你的认知水平，可能不是你自己的问题。但是，如果你用消极负面的思维方式去解决问题，一辈子就只能活在阴影中，无法摆脱所谓原生家庭的影响，只能是个受害者，你不可能重塑你的当下。

"幽莫幽于贪鄙"，黄石公提示我们：你处于困境，是因为你一直沉浸在负面的情绪中，太执着于私欲。当你陷入这种状态，人生自然是一直被雪藏的状态，是你把自己困住了，你把自己幽禁在黑暗中。

十四、自己的伯乐

孤莫孤于自恃。

一个人为什么会越来越孤独，越来越没有力量？一个人为什么没有办法获得别人的支持？原因是：活在自己的世界里。

这句话不难理解。活在自己的世界里，简单地总结为：一直活在自己的主观世界里，不与客观世界连接。

在第一章，我花了大量篇幅解释主观与客观之间的关系。当你只愿意活在自己的认知当中，你获取的能量，只能是来自你自己。有人说，难道我不能吸引和我同频的人吗？可以，但是你要愿意主动与客观连接。

吸引和你同频的人，大前提是你的影响力要比你吸引的群体大。也就是说，如果本身能量很低，你就只能吸引越来越多不如你的人。那么，你的人生是走下坡路。现实中，为什么很多女孩容易遇到"渣男"，哪怕倾其所有，最终还是被抛弃？因为她不具备智慧。你吸引什么就接收什么，一个永远活在自己的主观世界里，被情绪脑左右的人，不会从客观的角度去看自己真正需要什么。

电影《忠犬八公》的花絮里面，导演在挑选幼年小狗的时候，那只小土狗原本是没有被选中的，但它主动向前，咬住剧组工作人员的鞋带，然后就被挑中了。从此，它的命运就改变了。在这之前，它大概率是被送进屠宰场，成为盘中餐。

你看，连一只小狗都会走出自己的世界去连接。而作为人，你为什么怀才不遇？你为什么要等别人来连接你？

这与上一句"幽莫幽于贪鄙"都在提醒我们：你一直活在自己的世界里，不愿意走出关键的一步，就无法遇见自己的伯乐。

十五、相信的力量

> 危莫危于任疑。

用一个人为什么会将自己置于危险的境地？黄石公说，因为你用了不相信你的人。用这样的人，他会随时背叛，并另外打造一个有力量的团队。并不是什么人都可以用，在建设初期，要重视"相信"的培养。这不能简单地从能力入手，而是得从能量入手。有句话是这样说的："不是因为看见才相信，而是因为相信才看见。"

你用一个愿意相信你的人，哪怕这个人是中等水平，他愿意为你作出改变。而你用了一个有能力的人，但是这个人不信任你，在关键时刻，他就有可能出卖你，或者撂挑子。人家的心不在你这里，能量自然也不会给你，你怎么用？用钱去驱使？

我以前做人力资源的时候发现一个规律：给员工涨工资，他们的兴奋不会超过1个月，下个月还是抱怨工资低。金钱不能成为一个人的核心驱动力，但是"相信"可以。

比如，我们团队中，每个人都是自发行动，这就缘于我用信任系统筛选机制去筛选。我每次的课程都有人主动去汇总编辑，还有人主动帮我联系出版社，因为他们的推动，我对《素书》的解读才得以与大家见面。出一本书，不在我人生的计划中。这得益于他们的"相信"，而我们从未谋面。

所以，不相信你的人，不要用，即使他是大才。除非你能接受他带来的任何损失。

我们要懂得分辨。第一，信任不相信自己的人一定是危险的；第二，如果非这个人不可，你就要做好备案，把绝对风险值控制一下；第三，要有掌控力。

我做社群，我要训练手下的人。如果他们水平不行，也没准备好，最坏的结果是损失400人的群，这个我能承受，完全没有问题。而他们因为相信我，我因为相信他们，彼此赋能，能量叠加之后会形成巨大的场能。这正如西汉礼学家戴圣提出的"教学相长"，我们在这个"相信"的场能中螺旋式成长。

这就是如何用人。你能量不足的时候，不信任你的人千万别用。你有一定的基础，有些不信任你，但是有才能、不得不用的人，要做测试。

讲到这里，你会发现，这章为什么叫"本德宗道"。"道"生效的基础，是那些看不见的能量。相信就能产生巨大的能量。

十六、失败的根源

败莫败于多私。

一个人失败的根源是什么？无他，就是自私。自私是不能长久的，因为违背天道。前面我说过，整个宇宙都是利他的，包括生态系统中的食物链。如果其中一个链条自私了，可能会造成其他生物的灭绝。

现实中，有很多善良的人被欺负，他们真的善良吗？就像有些职场老实人，他们真的老实吗？其实，他们只是不愿意得罪人，不愿意背负恶人的名声。当善良没了底线，其实就是用他的善滋养恶。这本身就是一种自私。

现实中，能够做大的，没有一个是自私的。如果学不会利他，永远不要想着赚钱。

"进四出六开四门，早不付钱回头客"，这是"浙江商人的22条军规"提到的一句生意经。"进四出六"，挑货郎挣一百块钱，要把六十块分给帮助他的朋友。大头分出去，才能保证他一直赚到那四十块钱。所以，一个人赚不到大钱，事业做不大，可能是太小气，总想把所有的钱都弄到自己手里，没考虑别人要什么。

我开办了很多公益学习班，从商业的角度，也必须这么做。全息生命科学倡导者刘丰教授提到过，在三维系统趋于崩塌的情况下，要及时按下暂停键。通俗来讲，现在整个大环境的信任系统堪忧，如果还是按照原有的模式去运作，是行不通的。专家原本是被信任的，但是现在有些专家被资本控制，变得越来越不值得信任，当真相被揭穿时，专家成了"砖家"。这个时候，需要付出更多，才能证明自己的可信度。

生意需要养，人与人建立关系，也需要养。这个养，就是慢慢连接。交朋友也是一样，做教育也是一样。你能不能让别人的心定下来？如果你不能成为别人的"定海神针"，别人就不想靠近你。电视剧《鸡毛飞上天》中有一个理念：做生意就是攒人气，就像用鸡毛换糖，看着不起眼，但是慢慢就多了。很多人做不成，就是太自私，总想着自己。利他，最终结果还是回馈到你自己身上。

很多人看不到这点，今天干这个没有结果，明天去做其他的。天天换，没有根，人家怎么相信你？我们定期开办圆桌公开课，讲师每周都会准时出现。表面上看，是我们付出了时间和精力，实际上，我们在构建比金钱更有价值的东西：建立信任，建立安全感。人最怕的就是不稳定，安全感有了，自然什么都有了。

这一章，黄石公解密了道与德的核心，告诉我们什么是道。一个人拿到武功秘籍，如果只训练招数，要么花拳绣腿，要么走火入魔；一定要修炼内功，也就是意识到"德"背后隐藏的力量，搭建自己的能量系统，才能成为绝世高手。

第五章　人人都须遵循的管理法则

遵义章第五

以明示下者暗，有过不知者蔽，迷而不返者惑，以言取怨者祸。令与心乖者废，后令谬前者毁。怒而无威者犯，好众辱人者殃，戮辱所任者危，慢其所敬者凶。

貌合心离者孤，亲谗远忠者亡。近色远贤者昏，女谒公行者乱，私人以官者浮。凌下取胜者侵，名不胜实者耗。

略己而责人者不治，自厚而薄人者弃废。以过弃功者损，群下外异者沦，既用不任者疏。行赏吝色者沮，多许少与者怨，既迎而拒者乖。

薄施厚望者不报，贵而忘贱者不久。念旧而弃新功者凶，用人不得正者殆。强用人者不畜，为人择官者乱。失其所强者弱，决策于不仁者险。阴计外泄者败，厚敛薄施者凋。战士贫游士富者衰，货赂公行者昧。

闻善忽略，记过不忘者暴。所任不可信，所信不可任者浊。牧人以德者集，绳人以刑者散。小功不赏，则大功不立；小怨不赦，则大怨必生。赏不服人，罚不甘心者叛。赏及无功，罚及无罪者酷。听谗而美，闻谏而仇者亡。能有其有者安，贪人之有者残。

俗话说，"盗亦有道"，就连强盗也有规矩和道义。这一章，我总结为四个字："以义入道"。义是道的标准，是区分"我类"和"他类"的界限。

任何事情都有其存在的道理，而这个道就是义，就是标准，就是不可违背之天理，是维持平衡的法则。任何事情没了标准，是很难发展壮大的。一个人怎么活，随自己开心，但是一旦进入群体，或者作为引领者去发展一个群体，就一定要有准则。这个准则就像一把衡量是非的尺子，也就是义。

什么是义？第一章我花了大量时间解释，如果还不是很明白，本章我再次进行简化，用立场去构建义的体系。每个立场都有标准，这些标准人人都须遵守，违背其中一条，都不会有好结果。

在这一章，我们能找到许多问题的根源。就像前面我提到位置关系，当你搞清楚位置关系，做自己该做的事，就能解决至少80%的人生难题。如果读懂了，甚至可以直接复制我的思路。这个思路是经过验证的。

很多人希望有自我，不希望成为复制品，但是你有没有想过，人本身就是被复制出来的。当你还是一个细胞,最小的单位,就是通过不断地复制和裂变,才能在母体中不断生长。你从一颗受精卵到呱呱坠地,成长最快,是因为你依存于母体。而现在的人,成长速度变慢,就是失去了这与生俱来的智慧,非要自己来,非要自己创新,反而失去先天优势。

所以这一章,不能简单地理解为为人处世或者管理,而是你与客观世界连接的总结。如果你不能从探索自我的角度找到自己,那就从本章开始,树立一个框架。这就像教育孩子,很多道理你说给他听,他未必懂。但是,如果把内容编辑好,变成家教的具体条款,至少他这棵小树苗不会长歪。个人成长也是一样,当你无法悟透真理,那就从真理的表现形式去入手。

这一章,我们需要做的是,正确理解内容,然后照做。

一、潜意识之门

"以明示下者暗,有过不知者蔽,迷而不返者惑,以言取怨者祸。"这一段可以称为"潜意识之门"。恰恰是这些潜藏的、你看不到的因素在影响你。大多数翻译都是站在管理者的角度。实际上,一个人首先要管理的是自己。因此,我更多的是先从"我"入手。

以明示下者暗。

明：不是高明，而是需求。下：别人。当然，你的下属包含在内。暗：蒙蔽，假象。

当你在别人面前频频暴露自己的需求，就容易被操控，就容易被蒙蔽，别人就会对症下药，制造假象给你。

电视剧《人民的名义》中，高育良是怎么被拉下马的？一本《万历十五年》让他抛弃了发妻，以为找到了红颜知己。

一个人的需求是可以被量身打造的，这就是核心。我们逐步进入 AI 时代，未来几十年，你遇到 AI 红颜知己或者蓝颜知己并不稀奇。只要输入你的需求，对面的 AI 可以跟你聊游戏、聊感情，让你如遇知音，比你自己还懂你。所以，不要被眼前的幻象欺骗，你眼前的东西可能都是虚幻的。

即使很多人不开口，隔着屏幕，也能知道一部分人内心的想法和需求。这源自大脑中的数据库。看得多，自然就总结出一套方法。

当你明白这个道理，应该学会藏，不要到处诉苦，更不要到处张扬。"以明示下者暗"就是提示我们，学会闭嘴，学会隐藏。越张扬，被知道得就越多，暴露得就越多。很多做销售的从哪里入手？也就是"明"，即需求。你表现得越外露，就越容易被成交。

> 有过而不知者蔽。

这里最容易误解的就是"过"。很多人将其简单地理解为过错，不能说不对，只能说太局限。

什么是"过"？越界即为"过"。有"过"不退即为错。做一件事超出了自己的能力，超出了自己的本位，所呈现的结果是错的。所以，"过"的起因，应当是越界。

为什么越界的人会被蒙蔽呢？这要思考越界后的表现是什么。比如，你乱管闲事，别人是不是下次就不愿意找你了？他会觉得你这个人心里没数，什么都管。你太聪明了，太聪明也是"过"，人家就防着你，这在你身上呈现的因果就是"蔽"。人家会对你进行隔离处理，发朋友圈都会单独给你分个组。

我们做社群运营时，一开始有闹事的。有同行，还有那种纯粹是三观有问题的，你把他拉黑，他就跑到你的账号下面闹。后来我们运营不这么处理了，直接设置一个"屏蔽"的分组，也不拉黑你，也不踢了你，但是发朋友圈你看不到。为什么？因为他越界了，我们就自然地进行屏蔽处理。拉黑的效果不好，会生出别的因果。

所以，《素书》并不是一部教化人、讲大道理的书。否则，不会流传至今。《素书》的厉害之处，不是直接给出答案，而是让你去思考。为什么越界会这样？你就需要思考中间的过程。做管理的，不该管的不要去管；家庭关系上，不是你的位置，就不要以爱的名义去伸手。有时候孩子为什么撒谎？因为你管理不当，他就只能撒谎。

哪方面该管,哪方面该放,要有界限。

迷而不返者惑。

"人入穷巷应及时掉头",这是电视剧《知否?知否?应是绿肥红瘦》中,明兰劝诫淑兰的一句话。已经迷路了,最安全的方式就是原路返回,迷途知返而不是执迷不悟。有人说我,我就是不听,我就是任性洒脱,可以;你要是不听,钻牛角尖,那你就在普通大众的思维层面打转,为此付出代价。

前面已经告诫过了,你的需求被量身定制,你就会成为韭菜;你越界了,你就会被蒙蔽。这是黄石公说的,不是我说的。如果你还是觉得我可以,我就是要炫耀,就是要展现真实的自己,那你就往那个方向去吧,最后承担的因果都一样。

所以,"迷而不返者惑"这句话很有意思,"哀其不幸,怒其不争"的感觉一下子就出来了。我们读古文,如果只把作者当成死板的老夫子或者圣人,你会读得特别累。但是,当你把古人当成活泼泼的人,就知道他也有自己的情绪:"我说了这么久,你还执迷不悟,朽木不可雕也!你就稀里糊涂地过吧!"

这样看,是不是一个翘着胡子的老头形象跃然纸上?读书不能拘泥于内容本身,要把作者当成一个人,当成你对面的朋友,要学会和作者沟通。就像我,在解读《道德经》的时候,就发现老子其实特别磨叽,一句话说不通,他真的会换一个方式再说一遍。老头子会小心翼翼描述虚无的道。所以，我们在读经典的时候，不能有刻板印象，认为古人留下的经典，是一句都不带重复的。

以言取怨者祸。

回顾历史，很多朝代都是因为言论导致败亡。对于整个社会团体，言语的祸害也是不可估量的。为什么呢？我们要把"祸从口出"的底层逻辑扒出来，要不然，你觉得还是在讲大道理。

言语为什么会成为祸患的根源？因为你说出的每一句话都会形成一个场能。你认为你是一个小人物，没什么影响力，实际上你有。在这一点上，人人平等。你说出的每一句话都在影响和你同频的人。

网络暴力怎么来的？键盘侠管不住自己这张嘴，在互联网上的留言可能成为别人跳楼的祸首。当你放眼整个宇宙，觉得一切距离你的生活很遥远，你觉得动动手指，他人的生死和你有什么关系？或许你压根儿不知道，这个人死了和你有关系。但是你往大看，根据量子纠缠理论，你说的这句话其实已经改变了场能，你的留言造成的负面影响同样会影响他人。所以，我经常说，你连朋友圈都不要随便去抱怨，无形中会让你失去很多朋友，没人喜欢看你在朋友圈抱怨。

《素书》说的祸从口出是从宇宙全局考虑。你不说这句话，你的人生可能是另一种境界。所以，不要随便在互联网上暴露，特别耗能，遇到"杠精"，还会形成新的纠缠、新的因果。

王阳明是明代著名的思想家、哲学家。有一天，有人急急忙忙找到王阳明，说是急于用钱，想把一块地卖给他。王阳明并没有买地的打算，但他急人所急，把钱借给了那个人。不久，王阳明带着弟子出游，来到城外，看见一片田地依山傍水，开阔僻静，环境优美，简直是一处世外桃源。王阳明不禁感叹："这真是一块风水宝地啊！如果在这里建个书院，每天在这样优雅的环境里读书、讲学，该有多好啊！"

话音刚落，几个弟子面面相觑，其中一个弟子说："老师，这块地就是那天要卖您地的那个人的啊！当时您没买，他就卖给了别人。"王阳明听罢，一拍脑袋，懊悔地说："哎呀，真后悔当时没有买下！早知道是这样一块灵秀之地，说什么也不会错过。"说完，却盘腿而坐，闭目静思。

弟子们谁也不敢吭声，只得在旁默默地陪着。过了好一会儿，王阳明才缓缓睁开眼睛，脸上微微露出了笑容。他平静地对弟子们说："错失了这么好的地方，刚才我的确很后悔，这完全是贪婪和私欲在作怪啊！现在好了，经过一阵静思和反省，我把贪婪和私欲赶跑了，心又恢复了平静，心情回归了愉悦，已经不后悔了。"说完，他开怀大笑，引得众弟子也笑了起来。

王阳明的弟子，都是什么身家背景？很多都是官宦人家。他要是不把这个念头止住，会怎么样？弟子会想办法把地搞过来，让老师高兴。弄过来的过程中会发生什么？我们大胆想象，什么事情都可能发生。那不是王阳明的错,但从因果的角度,就是他的错。

"以言取怨者祸",因为言语招致怨恨,一定会有祸患。可能是祸害自己,也可能是祸害别人,最终还是回到你自己身上。因为仇家会寻仇,最终找到你。就像蝴蝶效应,是连锁反应。即便是百年基业,也会毁于一旦。东西可以乱吃,话不能乱说。该说什么,怎么说,都要衡量。我们知道这个道理,正着用,就是修身,消灾避难;反着用,就是克服人性的弱点。

把握说话的尺寸,不该说的就少说。等慢慢了解了,就可以多说。不是不说,是恰当地说。

令与心乖者废,后令谬前者毁。

如果上一段写的是不易察觉的潜意识之门,那如何打开这扇大门?尤其在管理的过程中,如何让员工听你的?这一句直接给出了答案。

字面意思:如何下达指令?下达指令一定要有明确的指向性。

你在工作沟通群里发布通知的时候,希望大家怎么回应你?如果你希望大家有所回应,就要下达具体的指令,比如"收到请回复:已收到"。

"令与心乖者废",很多学者的翻译是:思想与政令相矛盾,一定会坏事。这个翻译没毛病,但是,思想如何才能与政令一致呢?人的思想千千万,匹配的行为也不一样。

指令和接收者启动连接的时候，不支持你的人看到你发的通知，他知道了，但是不会有任何回应。支持者会回复"领导，我收到了"。你想过没有，前者的不回应会让你不高兴，后者的回应会让大家不高兴。所以，让"令"与"心"达成一致，不让你下达的指令成为一句废话，那就要给出具体指示。

做管理不是管理个人，而是管理指令、管理人性。人性有从众心理，你的口令一旦发出来，再不给面子，都要复制粘贴一下。但是，如果没有指令，你让他自动回复"收到"，是不是可能性很小？

因此，下达指令最忌讳的就是让人思考。尤其是在战场上，思考布局是将军的事。如果作为将军，你的指令还得让大家思考，这是要命的事。

哪怕是一个小社群，管理的都是连接感。所以，最忌讳的就是不稳定和朝令夕改。

"令与心乖者废，后令谬前者毁"，管理者不能朝令夕改，心里想要达到什么样的效果，就要发布与内心一致的指令；否则，"后令"，你后面说什么，发布什么，都没了权威性，员工会认为你不行。

所以，遵义的基础是搭建信任系统。我们发布的指令实际上就是权威。总是变来变去，后面你说什么，就没了价值。

规则和制度就是让每一个人都感受到公平。这里面的核心是抗衡人性的弱点，即人心是善变的。我们出去消费，一家店很诚信，经营了10多年，但是他们家东西比市面上的稍微贵一些，另外一家是刚刚开业没多久，你选哪一家？所以，做任何事情都要搭建自己的信任系统。

怒而无威者犯，好众辱人者殃。

犯：冒犯。威：威严，威慑。

管理者要学会管理自己的情绪，发怒不能给你带来威严。在关键时刻起作用的是标准。曹操"以发代首"的故事，还有王子犯法与庶民同罪、孙武砍齐王两个妃子的故事大家都耳熟能详。我给你明确的标准，这才是威的内核，而不是属下犯了错，你就发火。发火没有用，除了表达愤怒，解决不了问题。

你和朋友合伙开公司，就要提前设定标准，包括退出机制，尽量规避潜在的风险。他要退出就退出，没必要为了这个伤和气。他退出的损失，他自己承担。所以，领导的威严来自他对标准的把握，提前都写在制度里。开会也是，管理者会上说什么都可以，拍桌子骂人都可以，但是会下不行。威严在关键时刻才能生效。

"好众辱人者殃"，这句话很好理解。你对人再不满意，也不要当众羞辱他。当众羞辱他人会遭殃，为什么？中国人好面子，你当众羞辱我，这是不拿我当人看，我就这么放过你，你下次还会这样。中国人很包容，但与此同时，也最难糊弄。不要觉得你说两句好听的，我就晕了头。历史上，那些当众羞辱人的，大多没有好下场。

> 戮辱所任者危，慢其所敬者凶。

对自己任命的人，过分惩罚或者羞辱，会有危险。因为这些人本来和你非常亲近，知道你的秘密，了解你的事情，得罪了他们，你会很麻烦。

有人会说，历代皇帝不是喜欢杀功臣吗？我们先不去评论这事对还是错，就看他把人家满门都灭了，后面有没有因果？有遗孤去寻仇的，有好友代为寻仇的。冤冤相报，一旦种下这个因，祸患一直都在。我们了解这个因果，不是说一定就能避免。每一任皇帝，他不知道有祸患吗？因为有祸患就不下手了？不那么做，可能会招致更大的祸事。

所以，"戮辱所任者危"是告诉我们处理问题的方法。你创业开公司，对于元老级别的人物，你应该怎么处理？如果处理不了，损失有多大？你要学会去弥补，知道自己的命数，知道下一步该怎么走，该受哪些苦就去受，而不是抱怨老天不公平。很多人都怕死，怕死就能不死？这不现实。

关键时刻，你不得不用品行不端的人，因为你没得选择。但是，你要知道用他的后果是什么，能不能承受。只要能承受，这个决定也是对的。

"慢其所敬者凶"，为什么怠慢受人拥护的人会很危险？

这句话的关键字是"敬"。首先要理解什么是敬。这个敬不是尊敬。比如，娱乐圈流行饭圈文化，你得罪一个流量明星，你的危险不是来自这个明星，人家不会把你怎么样，但是他的追随者可能会攻击你。

所以，这个"敬"，不是说真的品德高尚，而是说受人拥护。只要他有拥护者，在拥护者心里，他就是值得尊敬的。你怎么看不要紧，人家心里尊重，这就是势。所以，"敬"的本质不是品德高尚，而是获取了势能。

二、管理本性

> 貌合心离者孤，亲谗远忠者亡。

管理一个团队，管理的就是真心，不是什么人都可以用。很多人在这个层面犯了错误，把自己当成圣人。我们就是普通人，就用常规的方法去管理。

如果这个人的心和你不在一起，就不要把重要的事情交给他。即使交出去，也一定要有备案。要不然，真的临场给你熄火，你会陷入孤立无援的状态，之前布局再完美都没有用。不要去考验人性，要做自己有把握的事。

一个只会献媚讨好的人，也离他远点儿。不要以为只有员工才会献媚，体现在管理者身上，就是另一个特质，叫画大饼。所以，这个"谗"并不能简单地理解为谗言，要深入一点儿、多角度去理解。一个整天给你画大饼的领导，他说的话是不是"谗"？

人心是一次又一次磨合的过程。你没和他磨合好，没有降伏其心，他对你心怀异心，你就不要痴心妄想。

怎么去识别异心？不要听他说什么，要看他做什么。通常来说，有异心不代表有坏心眼，或者不忠诚。有异心，只是和你的目标暂时不一致。交代几件事去做，马上就能看出来。

很多做管理的，用自己的权力去管理那些有异心的人，或者认为钱给到位了，就能干活儿，这是不现实的。这样做，你们之间只有情绪和欲望的管理。他情绪起来了，什么都干不成，而欲望是无止境的，总有一天你给的钱满足不了他，最后的结果可能就是撕破脸。

做管理，首先把基本原则理清楚，然后不断去改进就可以了。先1.0版本，然后2.0版本，不是一上来就玩大的。创业也是。大多数人都忙着融资，找好项目，但如果你的基本盘是一盘散沙，做什么能成？

如果你是一名普通员工，这也是你选择上司的标准。这个上司值不值得你追随？你是按照1年来搞职业规划，还是10年？不要看他画大饼，就看他做事，他有没有兑现承诺。没有，让员工吃亏一次两次，是他个人的失误；如果次次都食言，就不是能力问题，而是人品不行或认知不到位。允许犯错，但不能屡犯不改。所以，《素书》不是专门给领导者看的，而是教我们学会从管理者的角度去思考问题。

"貌合心离者孤"，这句话不难理解。它提醒我们，"身在曹营心在汉"的员工不要重用，对于喜欢画大饼的领导，是否继续追随，也要趁早做打算，因为你们不是一条心。当领导的，没有一个心意相通的员工，关键时刻就容易孤立无援；当员工的，没有一个愿意为你承担责任的领导，你就是孤军奋战。所以，无论从哪个角度，不合心意的，不要勉强凑在一起，这是源头问题。

> 近色远贤者昏，女谒公行者乱，私人以官者浮。

"近色远贤者昏"，亲近女色，疏远贤人，则会昏庸无道。这个"色"不单指女色，好色并非男人的专利。

不要小看"色"的力量。自古以来，美人计屡试不爽。这是本能，不要认为自己真的抵抗得住。如果单位有一个超级大帅哥，还是你老板，和你朝夕相处，对你照顾有加，你会一点儿念头都没有？这个时候，道德才有作用。这就是一把尺子。古代帝王有佳丽三千，但也有祖宗的规矩要遵守，不是想怎样就可以怎样。所以，祖宗定下很多规矩，这就是制衡。历代帝王下场不好的，多是因为不守规矩。

为什么人会昏庸无道呢？如果你简单理解为是因为"色"，对这句话理解就不够全面。所谓"饱暖思淫欲"，"色"只是容貌姣好对你的吸引力，代表私欲。而贤，除了贤明之外，也代表智慧。也就是说，当你做事只屈从于自己的私欲而远离智慧，一定是昏庸无道的。无论多么厉害，都是偏离正道。所以，学佛也好，论道也好，要知道"色"只是私欲的一个元素，真正要克服的是私欲。作为群体的领头人，如果只重视私欲，必然失去人心，不会有人跟随。

"女谒公行者乱"，女子干涉国家政事，社会将动荡不安。但是，历史上武则天也干政了，还当了皇帝，将唐朝治理得不错。所以，"女"，不应该单纯地理解为女人。这里黄石公说的女人，其属性是支持系统，是社会分工所致。母系氏族，女子说了算，后来进入父系，男人说了算。武则天为什么能当皇帝？不是女子不能干政，而要看社会分工的变化，阴阳是相互转化的。到底是男人干这个事，还是女人干这个事，要看时代背景，看运行周期，看当朝的运势。传统文化自古以来都是天尊地卑，尊与卑不是地位上的高低，而是一个负责打拼，一个负责支持，分工合作。在古代，女性属于支持系统。如果这个秩序乱了，社会必然就"乱"。

所以，"女谒公行者乱"是说系统分工不能错乱，而不是女子不能干政。放到一个群体组织，比如经营一家公司，谁来统筹管理，谁来支持，也要清晰。正所谓"在其位，谋其职"。

"私人以官者浮"，"官"代表职位。不能私下交易，买官卖官。你用私人关系招募来的人，如果没有真才实学，他就像浮萍一样没有根基，关键时刻还会给你坏事，你还得收拾烂摊子。所以，从团队管理的角度，不能私下许诺。

举贤不避亲是有条件的，要看整个组织的风气，还要看这个人到底是好用，还是只是和你亲近？这一点，很多人区分不开，用情感做决策，而不考虑客观。

我犯过这样的错误。五年前，老板给了我 50 万，让我去做一家公司。公司成了，我被踢出局。为什么？为了有自己的帮手，我把一个朋友弄到自己身边。结果，她私下和厂商勾兑。一开始我没在意，后来直接把我坑了。其实，这就是我拿自己的不安全感做决定。那时候，我没有任何人脉，全靠自己的满腔热血去打拼，很多人看我不顺眼。我动了私心，只想有自己的人，就利用自己的权力，安排了所谓的自己人。最后，结果肯定不好。

再有，你怎么想不重要，别人的想法，背后的指指点点，多少会对你造成影响。这是超过三维空间的看不见的因素。我们说的积累阴德，也是这种看不见的力量。所以，导致一个部门不稳定的，还要看背后的因素，理解无形。

就拿我们整个生命过程来说，属性是怎么区分的？年轻力壮的时候属阳，年纪变大，就慢慢变成阴。如果年轻时不干正经事，年纪大时会阴上加阴，因果就出来了。这是阴阳平衡。

年轻的时候没有智慧，子女没有教育好，不好好做事业，不好好爱家庭，那时真的察觉不到后果。就像十几岁的女生大冬天穿短裙，能感觉出什么？因为那个时候身体属阳。但是上了年纪，大概率会得风湿。

所以，这一整段文字都在提醒我们一个关键，就是去除私欲。老子在《道德经》第十三章也提出"无身"的概念，如果做事都是出于私欲，不会有人愿意跟随你。所以，本章不断强调这些与"义"相关的因素。

凌下取胜者侵，名不胜实者耗。

"凌下取胜者侵"，通过欺凌下属而获得快感，会遭受报复。要知道，下属不一定永远是你的下属。一个人在社会地位上或许有高低，但在人格上都是平等的。"三十年河东，三十年河西""莫欺少年穷"。每个位置是能量的体现，你欺负下面的人，是在夺取他的能量，消耗他的自尊。当能量被剥夺到一定程度，他就成了负能量，开始反击。

社会上有多少因欺负老实人而招来祸患！老实人被欺负到了极点，会爆发出强大的力量。你看他们弱，但一条热门视频，就能把你送上热搜，让你"社死"。在《弱传播》这本书中有这样一个观点：舆论的世界，弱者为王。

世间的每个元素都相生相克。就像一棵毒草附近会有解药，好人的存在，同时会匹配上坏人。有时候，我们自己都会相生相克。这是从能量的角度看问题。

"名不胜实者耗"，徒有虚名，没有真本事，就是一场消耗。比如一个明星，只靠炒作得来流量，没有通过自己的努力，实际上就是在消耗你的未来。而且，你会认为自己很厉害，都是自己的能力，就像中彩票、继承遗产一样，那么多钱，可能给你带来灾祸。自己判断一下，是不是这样？到那时，你的整个人生都要重新构建，包括人际关系。

看过一个小实验。一对情侣，男女分别得到了500万。女人想："我终于有钱了，他不用操心彩礼钱，可以马上娶我了。"而男人呢，马上把女人甩了。他想："有了500万，我还要你吗？"

他们各自的结果是什么？男人失去了真正爱他的女人，女人有效躲避了一场灾难。所以，同样是500万，心术正的人得到了好结果，心术不正的人失去了原本拥有的。男人拿着500万会娶什么样的女人？无非就是长得好看、爱他钱的。所以，这里可以看到钱的属性。同样是不劳而获，女人因为"实"而躲避了一场灾难，男人因为"虚"而失去了真爱。

名利也是一样。如果根基不稳，有钱也留不住。很多风光的人物不过是站在时代的风口浪尖，但是，从他们的言行举止，可以推测出他们的未来，哪怕有人说是马后炮。因为真相非常明显，但是很多人不需要真相。名气和实力一定要匹配。

总结一下：不要欺负老实人，不要欺负比你位置低的人；不要妄想不劳而获，要看自己能不能拿得住。

三、功劳要分

略己而责人者不治，自厚而薄人者弃废。

做人不能双标，对自己宽容、宽厚、放纵享受，对别人却刻薄、求全责备，见不得他好。这样做人，肯定没人愿意搭理。作为管理

第五章 人人都须遵循的管理法则

者更是如此。

现实中，对自己好、对员工差的比比皆是。有些人在公司什么事都不做，就天天盯着别人做得好不好，对他人高要求高标准，百般刁难。这样的人会遭怨恨。想要管理好下属，简直是做梦！

这个原则同样适用于处理事件、关系。你不能只说别人错了，要反思你有没有责任。出现问题绝不是一个人的原因。就像教育孩子，你觉得孩子有问题，打也没有用。复印件出了问题，是因为原件出了问题。所以，单纯责怪孩子是没有用的。

居高临下最让人讨厌，小孩也是一样的感受。不要以为你生他养他，就可以随便打骂。我的孩子一开始没有耐心，游戏更吸引他。这个时候，我不会说："你赶紧去给我看书、练字。"因为当你看不见的时候，他又会偷偷玩。那我要培养他的耐心。练习写字，我会买一本临摹，说："你陪我一起好不好？"孩子的责任心一下子就上来了。你看，比责怪更有效的方式有很多，关键是你是否愿意思考和探索。

"略己而责人者不治，自厚而薄人者弃废"，这句话是形容管理者高高在上的姿态。如果你认为自己是对的，就完了。在面对问题的时候，多想想解决问题的方法，而不是责怪。就像我们刚开始做圈子，文化典籍很多，实在不知道从哪里开局。这时，有人提出天道思维，才开始了《道德经》和《素书》的学习和解读。

> 以过弃功者损，群下外异者沦，既用不任者疏。

"以过弃功者损"，因为别人的小过失便忽略其功劳的会大失人心。人需要被认可，这是每个人的需求。即使你给他们发了工资，也不能随意忽略他们的付出，因为荣誉往往比工资的价值更高。

对于你来说，做成一件事可能很容易，但对别人来说则未必。小时候，我属于资质平庸的，考试永远在中游，十几名。偶然一次考了第六名，这对于年幼的我来说，是多么大的鼓励。结果，班主任说："你这就是瞎猫碰到死耗子。"这对我造成的阴影有多大！不过，也正是年幼时经历过这件事，让我不会随意去打击别人，会特别在意别人的感受。当然，我也经历了从讨好型人格到人格逐渐完善的过程。所以，万事万物，只要洞悉规律，坏事能变成好事。

不要轻易去否定一个人。你否定的越多，身上负面的东西就越多。人家可能不会当面顶撞你，但是，整个场能受到的影响是极大的。

"群下外异者沦"，如果属下有了外心，你会陷入不利的境地。如果属下有了别的心思，一定要处理好，不能再用了。每个人的处理方式不一样，在古代，可能直接杀掉；现在是法治社会，你采取封杀，或者以断送人家前程的方式，也不是上上策，一定要站在对方的角度去处理这段关系。人性无善恶，但是会随着环境的改变而变化，要大大方方地谈。不要有心结，否则会结怨。不能抱怨，更不能自怨，因为每个人每个时期需要的东西不一样，缘分到了自然就分开，不要勉强。

"既用不任者疏"，用人却不给予信任，则会导致关系疏远。为什么不信任？背后的逻辑是什么？不是品质不行，是没有安全感，不想负责。看不到因果，就不愿意放权。遇见这样的领导，你就要明确地告诉他，这件事出了什么问题，你担着，他就敢放权给你。不放权，是他自己看不到问题，拿不准，怕出了问题没人担责。

遇到这样的人，我有没有能力处理？能处理就处理，不能就远离。这是帮助我们看清你的老大行不行。如果你把责任都担了，他还说不行，那就是100%的不信任，不想用你。能力不足和不信任是两码事。这句话可以帮助很多职场上的人理清思路。对管理者而言，要能承担风险，这也是"义"最重要的元素之一。

> 行赏吝色者沮，多许少与者怨，既迎而拒者乖。

"行赏吝色者沮"，论功行赏时吝啬小气，把喜怒哀乐表现在脸上，会使员工意志消沉。

作为管理者，无论是论功行赏，还是布置工作，都不能太苛刻。把功劳分出去，属下的心就收回来了。我一个朋友，领导天天逼着他们加班，一到绩效考核，就给自己打高分。都快50岁了，还是公司唯一一个没有升上去的高管。一般来说，45岁轮都轮到他了。不可思议吧？但现实就是一地鸡毛。你认为这是常识，我也认为这些不需要人教。但是，接触的人越来越多，我才明白，每个人的生存环境不一样，有人从小到大都没有接受过这样的教育。这个领导因为自身努力，好不容易成了干部，结果不懂管理之道，不懂分功劳，在领导的位置上为自己谋取私利，自然没人愿意为他卖命。把自己累得半死不说，也把自己上升的路给堵死了。

"多许少与者怨"，我用一句话解释，你一定能听懂，也就是画大饼。你承诺的，最后难以兑现，属下就会生出抱怨。

拍拍胸脯，这事包在我身上，你是不是有这个能力？承诺了做不到，最后人家会恨你，消耗信任。我做事情，不可能做到的坚决不说；否则，会换来一次又一次的失望。言行一定要达到这个标准，允许有意外惊喜，但是不能让希望落空。希望、梦想是高维空间的能量，很多人不知道，随便消耗。最后，信任消耗了，想要重建是很难的一件事。

"既迎而拒者乖"，这在管理中较为常见。花钱把对手公司的关键人物挖过来，又不委以重任。于你而言，这是商业上的一个战略；于此人而言，是莫大的羞辱。招揽到人才又不用，就像请客又把客人拒之门外，只能招致怨恨。这是愚蠢的举动。

东汉末年，汉室宗支、益州牧刘璋为了对付张鲁领导的农民起义军，决定派人迎接刘备入川。刘备到来后，刘璋又因手下张松投靠刘备而与刘备反目成仇，双方展开交战。刘璋前迎后拒，结果人财两空。

"既迎而拒者乖"，内在核心是前后不一致，会让人内心形成强烈的反差和不平衡。有多少矛盾、恩怨是由心态失衡造成的？前面章节提到"绝嗜禁欲，所以除累"，你想让一个人有欲望，就给他原本没有的，正是这句话的反向运用。

你想毁掉一个人，很简单，让他心态失衡。PUA 的底层逻辑就是心态失衡，一边打压你，一边又说爱你；一边暴力，一边拼命挽留你。人在被拉伸的过程中，心态就会失衡。

当面一套背后一套最为讨厌，尤其在职场上。离职的时候，该留面子就留面子，该坦诚就坦诚。这样，以后还可以做朋友。如果你当面一套背后一套，私下说老板苛刻，工资太低，公司没发展，以后就没有任何合作的可能。坦诚，则没有遗憾。

黄石公提醒我们：要进行真正的价值交换，而不是画大饼，PUA 去拉扯对方的情绪。其实，做管理就是做人，道义结合，区分哪些事该做，哪些事不该做。

四、利他无忧

> 薄施厚望者不报，贵而忘贱者不久。

第四章和第五章是全书最高级别的两章，一是讲为人处世，一是讲管理，都是和人群接触的基本原则，都是大道理。那么，应该怎么用？怎样让我们的大脑接受这部分知识？

"薄施厚望者不报，贵而忘贱者不久"，这句话很容易理解。给予别人很少，却寄予比较高的期望，则得不到什么回报。富贵之后就忘记贫穷时的人和事,就不会长久。可是,谁不知道这个道理?

关键是,为什么给予别人很少,却寄予比较高的期望,则得不到什么回报?学会问为什么,这才是《素书》真正的解读方法。这就是与书连接。张良得到此书,也是反复揣摩,才能帮助刘邦建功立业,更何况是我们?

读名人传记要学会思考,为什么他成功了?为什么"薄施厚望者不报"?什么样的人可以少投入高回报?只有骗子。所以,压根儿不要有这种幻想。

赚不到钱的根本原因,就是花1分想得到10分。是不是很多人的想法都是这样?第一章我们讲到韩信报恩,收留韩信的那个亭长,他总想着赚大的,把韩信看成一支潜力股,才忍着眼前的亏损;否则,他不会默许老婆把韩信赶走。

系统是平衡的,你花了1分,真的赚了10分,系统会怎么调整呢?人生就像吃饭,多出来的9分,会以能量的形式存在,体现在你的身上,就是膨胀。突然继承10个亿,你会不会膨胀?所以,我不敢要10个亿。普通人不懂这个道理,给就要了。

名也是如此。你要学会用高于三维的眼光,去看待能量守恒定律。不过,这个能量守恒定律,不是物理空间的能量守恒。所以,要学会问为什么,为什么"薄施厚望者不报"?因为一本万利的思维本就不对。即使侥幸赚了钱,也还是有问题,你会认为赚钱是因为自己能力强。

电影《西虹市首富》中的王多鱼,获得一笔偏财,10个亿。而老天爷给你偏财，是检验你有没有拥有这笔钱的资格。《圣经》里面有个故事，上帝同时给了两个人钱，一个人埋在地里，一个人买材料做生意。1年后，那个把钱埋在土里的人对上帝说："父啊，你给我的，我保存得好好的。"另外一个，赚了10倍的钱。结果，上帝把埋在地里的钱全部夺走，送给那个会生钱的人。

不是偏财不好，偏财就是用来检验你的能力的。你具备拥有偏财的能力，钱就会转化成正财。很多人发了横财，就存银行了，那这辈子赚不到大钱。正确方式，是把偏财转化为名。所以，不要害怕偏财，偏财就是老天爷给你的功课。你接住了，就是你的。

"薄施厚望者不报"告诉我们一个道理：一本万利的想法本身就是错的。你投入1分，赚得1分，你就是生意人；你投入1分，想赚10分，这个念头万万要不得。即使赚到钱，也会以另外的形式失去。中了大奖的那些人，后来怎么样了？不用我说，你就懂了。

教你赚快钱的，十有八九是骗子。因为赚钱这个事是哲学，需要积累，需要智慧。刚刚说到如何处理偏财，现在给你一大笔钱，你怎么处理？这才是你要面对的功课，其他都是虚的。

"贵而忘贱者不久"，黄石公提醒我们：有一天富贵了，不要忘记来时的路。上山容易，下山难。很多人失败了难以东山再起，就是忘记了自己困难的时候是怎么熬过来的。不忘过去，那才是最宝贵的东西。这两句话是帮我们树立正确的观念，不要有丝毫侥幸心理。

很多人有思维误区，认为管理一定是管理团队。不是这样的，管理人脉也叫管理。不是这个人在你之下才叫管理，还包括管理你的领导，这叫向上管理。

这一章，最重要的是变通。牢牢记住一点，把自己当人，把别人也当人。人际关系出问题，管理出问题，最主要的原因是，把别人当成圣人，认为他应该这么做。

念旧而弃新功者凶，用人不得正者殆。

先说关键字。我们在翻译的过程中，要注意结构。比如这句话里，"凶""殆"就是果。前后是因果关系，有了前面的行为，才会有后面的结果。凶：不幸（结局）。殆：陷入困境。

我们经常说，人性是喜新厌旧的。这句话如果理解成，只记得旧功劳，不见新功劳，是不是解释不通？现实中有几个老板真的会因为老人而看不见新人？恰恰相反，新人工资常常比老人高。所以，把"功"理解为功劳是不对的。

"念旧而弃新功者凶"，"功"，应该通"攻"，启用新的学习方法。当你学会问为什么，就开始思考了。所以，"旧"指的是旧的行为模式、社交模式、管理模式。对待人、事、物，不能因循守旧。如果守着旧的模式不放，结局会是不幸的。

"用人不得正者殆"，没有把人放在合适的位置，或者没有发挥他真正的才能，反而是一种消耗。这个人如果不合适，坦诚地与他进行沟通，然后加以调整；如果彼此消耗，最后则可能反目成仇。

很多事情，其实最初的时候很好解决，但因为好面子等原因，错过了最佳时机。最后，彼此矛盾激化，就变得越来越难。

强用人者不畜，为人择官者乱。

"强用人者不畜"这句话，重点就是这个"畜"字。"畜"通"蓄"，积聚、储藏。

强扭的瓜不甜，谁都懂这个道理。用自己的权力去压制下属，你就无法积蓄能量，因为你在抢夺别人的能量。我们要学习从能量的角度看问题。

电影《圣境预言书》中，男主角和女主角第一次见面，女主角感受到了被控制。如果对方并非心甘情愿，你用权力压制，只能是权宜之计。如果要等团队所有人都心甘情愿了才去做事，那又太理想化了，要做成一件事，黄花菜都凉了。"强用人者不畜"是提醒我们，当你用了一个有外心，或者不服从你管理的人，你要做好他会离开的心理准备。

我做过人力资源管理，面试的时候聊几句，知道这个人待不长，我就要测评这个人能待多久。我做招聘工作，不会因为这个人到岗了就结束。继续招人，一方面可以做储备，一方面让这个人知道我正在招人，他也会谨慎，本来想待半年，也有可能待两年才走。所以，这里面都是对人性的把握。不能用权力压制，并不代表不能用一些方式方法。

"强用人者不畜",我们可以反着用,俗称"用人性去敲打你"。我知道你待不长久,双方都有选择权,我们是平等的。只有双方处于真正的平等,你才可以做好管理。

"为人择官者乱",不要因人设岗,这是大忌。成绩是团队合作的结果,不到万不得已,不要因人设岗。

"为人择官者乱,为官择人者治",典出诸葛亮《便宜十六策·举措》。意思是,根据人选来安排官职就会引起混乱,根据官职来安排人选就能有条不紊。唐太宗李世民也以这句话告诫自己,用人不可徇私。我们注意观察,因人设岗一旦成为常态,整个管理都会乱套。

> 失其所强者弱,决策于不仁者险。

"失其所强者弱",很容易理解。用人用长处,一个人不发挥长处,就会表现出能力不足。

重点是后半句:"决策于不仁者险。"怎么理解这个"仁"?道德仁义礼,"道"是认知、规则,"德"是能量、无形,"仁"是两者结合的状态,叫知行合一。知行合一是为行动力,是相信。所以这句应该理解为:不要用执行力差的人来做决策。这样的人就算有大才能,但往往刚愎自用,到了关键时刻掉链子。你策划做得再完美,最后结果也等于0。很多人好奇我怎么选人,我就选愿意相信我的。相信我,自然就会产生行动力,这个事就能成,哪怕会比较慢。我是稳扎稳打。

阴计外泄者败，厚敛薄施者凋。

《教父》中有这么一句名言："真正要做的事情，对神明都不要讲。"天下没有不透风的墙。任何事情，只要出了你的嘴，入了别人的耳，那就没有什么秘密可言。古人的心得是："事以密成，语以泄败。"要想成事，嘴巴要紧。口风不紧，事先走漏了风声，于事不利。

不泄露计划，事情成败只取决于一个因素，那就是你自己；一旦泄露，就会牵扯到其他因素。天时、地利、人和，种种因素都会牵扯进来。我们要时时刻刻用系统思维去思考问题。

"阴计外泄者败"，一件事还没做成，就把自己的计划告诉别人，如果涉及竞争，那就会垮台。

我做圈子的时候，一开始就有人要求建群，我说一定要两个大群满500人才建微信群。很多人问我为什么，现在告诉大家答案。如果一开始就建群，没办法形成规模，有竞争对手恶意举报，被举报的账号流量就起不来。而当两个群满1000人的时候，我的规模起来了，每天走几个人都没关系。我的粉丝量不是全网最大的，但是我的群人数算多的。

很多问题看似复杂，但是，当你开始习惯性地把天、地、人的因素都考虑进来，所谓的大局观就有了，做事自然就有了掌控力。

我经常说，我不怕被模仿。即使把所有流程告诉他人，他也不一定模仿得了。就比如建群这件事，很少有人能忍得住，那个过程十分煎熬，眼看着很多流量白白浪费了。

"厚敛薄施者凋"，这句话更是常识。但是，不要认为你身边的人都有常识。比如，利他这件事天天说，但是真正做的时候，不一定做得出来。这是因为，不了解利他的本质是为了自己。

《西虹市首富》中，王多鱼不知道自己拼命花钱会越花越多，他一开始就是为了得到那 300 亿。结果，别人说他是慈善家。其实，他二爷不是让他在思维上利他，而是在行为上利他。思维上知道和行为上知道有很大区别。发心，不是一开始就做得到的。

"厚敛薄施者凋"，理解这句话，要问个为什么。因为你把钱全都装进自己的口袋，支持你的人就少，没人喜欢和吝啬的人交往。

战士贫游士富者衰，货赂公行者昧。

"战士贫游士富者衰"，出生入死、劳苦疆场的将士待遇不高，而游说之士尽享富贵，是为理不当，义不通。不当不通，是败之始、衰之征。

通俗地讲，一个公司，会干的不如会说的，真正干活儿的人享受不到应有的待遇，他们就会心寒。这是不正常的现象，这只是那些教演讲、教口才的人输出的一种价值观，让人觉得好口才很重要。

"货赂公行者昧"，大凡私下赠送财物而行于公事的，必有不明不白、不公不正的欺心昧理之处。

一个喜欢私下收钱给你办公事的上司，你敢依靠吗？最多也就是办个事，你在他那里只能得到一份工资而非事业。一个喜欢贪小便宜、利用公差办私事的人，你敢用吗？可以用，但是不能用在关键岗位。《荀子·大略》："蔽公者谓之昧。"把这样的人放在重要的岗位，就会受蒙蔽。他会为了一己私利，欺上瞒下。

五、赏罚的尺度

> 闻善忽略，记过不忘者暴。

不要忽略别人的付出，不要总记着别人的不好；否则，这种状况一旦成为常态，对方总有一天会爆发。

有人问我："如果有人对你撒谎，怎么处理？"就看他撒的谎对你有没有实质性伤害，没有，就睁只眼闭只眼。其实，经常有人对我撒谎，我就当作不知道。只要不触碰底线、不违背道德，不要撕破脸。人家撒谎，你去较真，有时候并不是为了人家好，而是为了自己的面子，是私欲，因为你觉得自己受了欺骗。

> 所任不可信，所信不可任者浊。

用人不疑，疑人不用。你用这个人，又不相信他，整天疑神疑鬼地各种测试，人家怎么会安心办事？值得信任的人，你又不用他，这不是犯糊涂吗？用人涉及执行，不能模棱两可。如果用了，就要敢于承担责任，而不是出了问题去抱怨人，最后结仇。

  牧人以德者集，绳人以刑者散。

以德服人，才有号召力和凝聚力，才能让人真心归附；相反，只靠严厉的规章和高压的手段，去压制和束缚人，最后只能导致人跟你离心离德，人心涣散。无论是治理国家，还是经营企业，都是一样的道理。

这是非常关键的一句话，现在依然有很多人认为道德不重要，权力、金钱才重要。翻开中国史，因为有了道德这个完整的体系，统治者才不敢随便篡改历史。社会的主流体系始终是道德，这个人有钱，不会被称赞，但是这个人有底线、有德行，则会让人感动。这个完整的道德体系，让我们活成了人，活出了尊严。

如果不强调道德体系，开公司先考虑的是在合同上怎么规避法律风险；两人结婚，先考虑婚前协议，考虑房子要不要加上谁的名字。只是以法律为底线的话，整个社会风气会出问题。无论是家庭，还是组织，打造"德"的体系比"刑"的体系更重要。

小功不赏，则大功不立；小怨不赦，则大怨必生。赏不服人，罚不甘心者叛。赏及无功，罚及无罪者酷。

奖赏小功劳是为了正向反馈，用在个人成长上也是一样。当你行动力差的时候怎么办？启动这个开关，要时常奖赏自己。人际关系也是一样，做到及时反馈。人家帮你了，至少说声谢谢，下次人家还会帮助你。别人帮你，你觉得理所当然，这很没有教养，下次可能人家知道也不说。

"小功不赏，则大功不立"，从管理的角度，是为了激活员工行动力，形成正向反馈；从人际关系的角度，是让别人知道你懂得感恩，下次更愿意帮助你。

"小怨不赦，则大怨必生"，"怨"是什么？本质上是一种能量、情绪，它的积累也遵循时间法则。不好的东西，不要积累。我们一定要连接，人与人之间的矛盾，很多都是不连接造成的，并不是有什么大毛病。负能量一开始就不要让它积聚，所有的大问题最初都是小问题。

"赏不服人，罚不甘心者叛"，你的奖惩系统，如果不能让众人信服，奖赏了不该奖赏的人，处罚不能让人心甘情愿地领受，最终的结果就是遭受背叛。

"赏及无功，罚及无罪者酷"，没有功劳的却得到奖赏，没有做错事的人却受到处罚，对应的结果一定是遭受冷漠残酷地对待。对自己的奖惩，也是同样的道理。很多人控制不住自己，不该奖励的时候奖励自己玩游戏。这一章,不要单纯理解为用"义"管理别人,你先用这个标准训练自己。

听谗而美,闻谏而仇者亡。

听到好话和吹捧就高兴,听到批评和逆耳的谏言就不高兴,甚至记恨人,这就是败亡的征兆。思辨能力是非常重要的一种能力。但是很可惜,"忠言逆耳利于行,良药苦口利于病",这个常识,很多人没有。为什么?因为重视感觉。大家有没有发现,自己缺少连接,是卡在了感受上面?这是大多数人的问题,活在自己的感受里。

大多数人活在自己的欲望、本能、情绪当中,很少有人理性思考,包括我自己也是这样。但是,人的神经元可以通过训练,改变这个模式。比如,我经常写文章,每天写一些文字出来,训练的方式就是主动思考。

"听谗而美,闻谏而仇者亡",实际上是提醒我们,从二元对立中主动走出来,训练自己的第三个大脑,而不是天天依从本能在情绪中拉扯。《素书》里总结的经验,我们用现代科学体系解释得通,也就是知其然,知其所以然。黄石公只是告诉我们这个常识,而我们要解决怎么把常识落地的问题。

能有其有者安，贪人之有者残。

只拿属于自己的东西，是可以心安的；贪心的结果是原本有的都会失去。所谓德不配位，这样的例子历史上举不胜举。皇帝为什么喜欢杀功臣？从能量的角度看，很多大臣原本可以过得很好，但是因为不懂得释放能量，最后被杀了。是不是这样？

做个总结，"义"这个系统是基于对"德"的应用，反复强调能量，真正应用的是"德"这个系统。这个人没有"仁"，没有关系，我可以小用；有"仁"，能够知行合一，我就大用。所以，真正的"什么人都能为我所用"，是你观测的角度变成德，知道把这个人放在什么位置，然后再进一步优化。怎么优化？就是最后一章讲的"安礼"。

第六章　千年文化传承的机密

安礼章第六

　　怨在不舍小过,患在不豫定谋。福在积善,祸在积恶。饥在贱农,寒在堕织。安在得人,危在失事。富在迎来,贫在弃时。上无常操,下多疑心。轻上生罪,侮下无亲。近臣不重,远臣轻之。自疑不信人,自信不疑人。枉士无正友,曲上无直下。危国无贤人,乱政无善人。爱人深者求贤急,乐得贤者养人厚。国将霸者士皆归,邦将亡者贤先避。

　　地薄者大物不产,水浅者大鱼不游;树秃者大禽不栖,林疏者大兽不居。山峭者崩,泽满者溢。弃玉抱石者盲,羊质虎皮者柔。衣不举领者倒,走不视地者颠。柱弱者屋坏,辅弱者国倾。足寒伤心,人怨伤国。山将崩者下先隳,国将衰者人先弊。根枯枝朽,人困国残。与覆车同轨者倾,与亡国同事者灭。见已生者慎将生,恶其迹者须避之。

畏危者安，畏亡者存。夫人之所行，有道则吉，无道则凶。吉者，百福所归；凶者，百祸所攻。非其神圣，自然所钟。务善策者无恶事，无远虑者有近忧。同志相得，同仁相忧，同恶相党，同爱相求，同美相妒，同智相谋，同贵相害，同利相忌，同声相应，同气相感，同类相依，同义相亲，同难相济，同道相成，同艺相规，同巧相胜。此乃数之所得，不可与理违。释己而教人者逆，正己而化人者顺。逆者难从，顺者易行。难从则乱，易行则理。如此理身、理家、理国，可也！

一、循规蹈矩的天机

义，讲的是明辨是非、区分善恶，这是为人处世的心法。无论走的是什么道，都要遵循义的原则。最后一章安礼章，就是把前面讲的那些理，用一个标准固定下来。

自然宇宙都遵循既定的规则，作为万物之灵的人也是如此。礼是道的外在表现形式，我们叫循规蹈矩。为什么要循规蹈矩？人为什么没有绝对的自由？这里引出一个概念：熵增。

薛定谔说："人活着就是在对抗熵增定律，生命以负熵为生。"爱因斯坦说，如果非要评选第一定律，他会投票给熵增定律。熵增定律，也被称为最让人绝望的定律。这个定律和我们有什么关系？

熵增定律也是热力学第二定律，可以表述为："热不可能自发地、不付代价地从低温物体传至高温物体。"也可以表述为："在孤立系统内，任何变化不可能导致熵的减少。"

也就是说，在正常情况下，热量不会从低温物体转移到高温物体。如果想要实现这个过程，所需的能量远超正常情况下热量的损耗。"熵"指的是一个系统中的混乱程度。比如，我们把冰箱视为一个封闭系统，里面的食物会慢慢腐烂。这就是熵增。无论我们怎么努力，封闭系统中的熵都会不断增加。

认真观察你周围的人、事、物，几乎所有都适用于熵增定律。小到个体，大到群体，甚至一个国家，都要经历熵增的过程。秦始皇寻求长生不老，就是对抗熵增的过程。但是，熵增定律是不可逆转的，只能减缓熵增的过程。因此，人类无法实现永生。我们可以通过各种方法减缓熵增，比如健康的饮食、规律的作息，再加上适当的运动，让我们的身体变得更健康，看起来更年轻。

孔子为什么一生都致力于复周礼这件事？因为无论是对于个人还是群体，礼的真正作用是稳定内核，内核稳定是最有效的对抗熵增的方法。

只不过后来随着社会的发展，礼不再发挥其真正作用，成了封建君王的禁锢手段。所以，"礼教"二字被后人打上"封建"的标签。

黄石公把礼放在最后一章，足以证明礼的重要性。

这一章讲制定规章制度必须遵循的法则，心即理，知行合一。礼不只是形式上的，还有心理上的，叫作"理"。所以，礼有两个方面的内容：

第一个，就是可见的礼仪、风俗、规矩，这是形式上的。黄石公未在形式上过多着墨，他更多的是在第二个方面进行说明。

第二个，就是人性不可以变的那部分。无论是治理国家，还是经营公司，哪些不能变，这一章给了标准。一旦违背这个标准，系统就会出问题。

所以，《素书》的整体结构是循序渐进的。形式上循规蹈矩，心理上也要遵循礼。礼让道显化，是道的另外一种表现形式。这一章就是大道理，心里的标准、尺度、道。礼本身就是道的开始。

我们来看图6.1。整个体系架构，以终为始，以始为终，生生不息。中国传统文化就像一个圆，一个闭环的圆，半径不断扩大。礼又是新的道的开端。

图6.1 道德仁义礼的体系构架

从我们的国门被打开，很多人接受了西方文化，开始崇尚开放、自由。群龙无首是理想国的状态。孔子认为，一个国家达到"仁德"的状态就很不错了。换言之，条件不够的时候，群龙无首是一件很可怕的事。想要绝对的自由，承受的风险就大，任何朝代都是这样。开公司也一样，用礼去集权，形成势能，就是道。所以，有句话讲：数量即是正义，你获得了话语权，你就是正确的道。

礼是管理工具。这一章就像一个圆的最高表现形式，是根和起点，是新生，也是种子。

二、礼的核心：安全感

> 怨在不舍小过。

用四个字总结：见微知著。怨恨的积聚，原因在于不能解决小的怨恨。这里讲的不是大过小过的问题，而是如何处理小过，不让小问题酿成大祸患。

这一章的核心是定立制度的心法。管理要建立沟通渠道，公司一旦成了规模，一旦有了团队，小问题不及时解决，就会变成大问题。如果没有人反馈、纠偏、矫正，作出应对、干预，就会陷入危险的境地，导致严重的后果和灾难。有时候，欺上瞒下并不是员工愿意的，这里面的因素很多，比如恐惧、害怕。不要用你的主观去判断，认为员工一定像你一样实事求是，人要做到实事求是很难。

就像你的孩子可能因为害怕而对你撒谎，公司员工也是这样。

员工没有顺畅的沟通渠道，问题、情绪等就会积压，你看到的结果就是欺上瞒下。员工离职都是小事，更严重的是，可能给公司造成极大的经济损失。这些年，很多大公司频频上热搜，爆出的问题，一开始都不是什么大问题。

所以，我们一定要建立沟通的渠道。在公司，最常见的沟通方式就是定期开会。比如晨会、夕会，让你感觉很烦的这些会议。其实，只要会议是有效的，哪怕只能解决部分问题，就是可行的。

有人认为开会是走形式，但这个形式不走，管理无法形成稳定的内核，员工不会养成习惯。问题的关键不在于会议本身，而在于很多组织开会效率低下，最后变成走形式。就像前面提到的，当大多数人不懂礼的真正内核，礼就被扣上了"封建"的帽子。开会沟通，提高效率就可以，不能因为怕麻烦就不开。

再举一个例子。我们经常说学习军队的管理，很多人看到的只有执行力，那执行力来自什么？军令如山，军令为何会生效？因为注重士兵的管理。没仗可打的时候，也要练兵；人一旦闲下来，就容易出问题。平时练兵，就是一次又一次的沟通。定期开会，也是一次又一次的沟通。

因此，作为管理者，你要重新认识开会的重要性。开会不是走形式，而是建立沟通渠道。

一旦没了沟通的渠道，就容易生变。你不让员工沟通，员工可能就会去跟其他公司的 HR（人力资源）沟通，和猎头沟通。就像儿子调皮，需要妈妈管，打骂都是亲生的。不打不骂，就没能量了。

患在不豫定谋。

用四个字总结：有备无患。健全风险管理和应对预案。

一定要做好应对突发情况的准备。处理不好小意外、小事故，会造成大的损失。任何一点儿小事，都有可能引发大祸患。

做项目也是，不要怕麻烦，不要去赌，一定要有备案。团队建设也是，哪怕一次小小的沟通会，也要同等重视。我在前面花大量篇幅说了"无"的力量，也就是积累。如果你对眼前的事都敷衍，这次的积累就是无效的，就不要谈什么以后。

"怨在不舍小过，患在不豫定谋"，越是小事，越要重视。

福在积善，祸在积恶。

福缘在于存养善念，祸患在于积累恶行。大错不犯，小错不断，明知故犯，抱着侥幸心理，总有一天会酿成大祸。

这句话的核心，不是说做坏事不得好报，也不是说积累的力量，而是引出另一个概念：习性。

物理学讲惯性，人的思维也是有惯性的，习惯性这样做事，习惯性这样思考。做坏事做久了，不要认为还能回头。电视剧《狂飙》中的高启强，他能回头吗？老婆说了他多少次？洗白？他能洗白吗？能洗白，陈书婷就不会死了。王阳明错失一块良田，心生贪念，马上坐下来调整。因为恶念就像小火苗，遇到合适的条件，会迅速变成熊熊大火。小小的火苗，遇到一片草原，后果不堪设想。有多少人的人生，因为一瞬间的恶念转了方向！

做管理，也要把细节考虑进去，一定要管理员工的言行举止，把这些落实到制度上。哪些事不能做，哪些话不能说，哪些事可以睁只眼闭只眼，这些都要有标准。

即使员工做了几百万的业务，但可能因为他的一个丑闻，公司形象也就覆灭了。能力再强也没有用，这是习性问题。

习性是什么？是每个人大脑里的主，是神，是不好控制的。平时不去规避，就不要怪员工顺嘴说出去。

多看看历史就会感叹，我们中国的道德体系多么强大，这是中华文化的智慧。老祖宗真是厉害，能把这个体系贯彻几千年。

饥在贱农，寒在堕织。

饥寒交迫，在于轻贱耕种和纺织。不重视农业生产，粮食长期贱卖，伤了种地人的积极性，播种面积就会减少。产量不足，就会导致饥荒，人们吃不饱饭，甚至有人饿死。

落实到管理上，在一个公司，农民相当于什么岗位？纺织工人呢？衣服的功能是蔽体，思考一下，纺织相当于什么？门面。纺纱织布的人都没有热情、偷懒，就会有人衣不蔽体。没有衣服穿，像话吗？穿衣是文明的象征。

农民相当于一线员工，纺织相当于后勤保障部门。现在的公司，重视的是这两个部门吗？

营销团队，相当于带兵打仗的，他们固然可以开疆拓土，但是后勤和一线都心寒了，产品就没人生产，文明就没了依托。这两个部门或许不如市场营销部门开放，但并不意味着他们的追求层次就低。他们在精神层面的追求，可能比营销人员还高。有些人不差钱，有些人可能跟公司关系紧密，你晾着这两个部门，那不是开玩笑吗？一定要重视他们的心理和情绪状态。

因此，要把这些岗位固定下来，就像农民到了耕种的时候要去耕种，你的一线和后勤保障部门更要循规蹈矩。这部分是不能灵活多变的。

安在得人，危在失事。富在迎来，贫在弃时。

安定在于得到人心，危险在于不能恰当处理事情。富足在于能及时安排未来，贫困在于不能按时节耕种。

得人心者得天下。同时，处理事情要见细节，危险是因为细节不到位。刚刚说的那些，就是细节。

这两句话再次强调了一个核心观点：你的富足和安定，都来自对人对事的循规蹈矩。循规蹈矩的背后是建立安全感，而安全感的背后是信任系统。

上无常操，下多疑心。

上位者反复无常，言行不一，部属会生猜疑之心，以求自保。

当领导的，时时刻刻要记住自己是管理者，要言出必行。你做的任何决定都是给出明确的方向。你的每一个决策背后都是一堆人、事、物跟着，方向如果经常换，不是只换一个方案，而是整个系统都在换，那你的团队就不稳定，你的下属就会怀疑你的能力。

轻上生罪，侮下无亲。

轻视领导就易生对抗之心，侮辱下属就会失去亲信。当领导的要有威严，但是也要把下属当人，不能随意对待。

这里说的是，做管理的可以有亲和力，但要和下属保持距离。因为你不能保证所有员工都有分寸，到头来他会说你假仁假义。

近臣不重，远臣轻之。

对身边的人不重视，别人也会对他生轻慢之心。关上门，怎么都可以，团建时怎么称兄道弟都没事，但在外人面前，相互称呼要表示尊敬。这其实不难理解。就像很多女人在外面不给自己男人面子，还指望男人能立起来？别人会轻视他。

这是职场上很多人的一个盲区，尤其做销售的，对自己的领导叫哥叫姐。工作不是拜山头，你对领导的轻慢是从一个称呼开始的。

　　自疑不信人，自信不疑人。

　　怀疑自己，则不会信任别人；相信自己，则不会怀疑别人。这个领导能量低，不相信别人，却很相信你——不一定是真相信！或许是他暂时还得依赖你，或许是你还用得着。

　　那真正地相信是什么标准？领导是不是信任你，你不要听他说什么，你要看他能不能担责任。不能担责任，就是利用，出了事情就让你背锅。所以，那种让你签"生死状"的，有了责任让你承担的，自己一点儿不承担的，不用想，他不信任你。什么是相信？首先付出真心，对方才能对你不离不弃。

　　枉士无正友，曲上无直下。危国无贤人，乱政无善人。

　　邪恶之人没有正直的朋友；曲意逢迎的上司，不会有公正刚直的部下效忠于他。"物以类聚，人以群分"，这不是一句大道理，而是一个自然法则。人是环境的产物，看一个人行不行，仅仅看他个人，局限性很大，要去看他所在的环境、他的朋友。

　　行将灭亡的国家，不会有贤人辅政；陷于混乱的朝政，不会有善人参与。国家快要灭亡了，代表能量即将耗尽，你再有能力，也没有用武之地。因此，能否施展自己的才华，决定性因素不只有伯乐，也不只有能力，还有时代大背景。现在很多人因为短视频＋直播一夜暴富，就是踩在时代的风口。

爱人深者求贤急，乐得贤者养人厚。

爱惜、尊重人才的，一定求贤若渴；乐于得到贤才的，供养的贤人就多。

古代很多有权力的人喜欢供养门客。现实中很多人用人，现用现交，用不着就翻脸。实际上，你供养的这些人都是你的福报，到了关键时刻，是可以救命的。前面提到的"鸡鸣狗盗"，如果没有这些人才，孟尝君可能早就死了。

国将霸者士皆归，邦将亡者贤先避。

国家将要称霸天下，志士会来归附；国家将要灭亡，贤人会及早躲避。这是规律。你强大的时候，人会归附；你弱小的时候，就不要怪人心冷漠。这是常态，正常人走的路线。如果在你落魄的时候有人帮助你，这样的朋友，你一定要珍惜。

黄石公花了一整段来描述礼的本质是安全感，一切形式归根结底也是为了稳定。一旦人与人之间没了这个稳定的基础，就没法相互信任。就像你说你有礼貌，可见了面你都不和我打招呼，进我房间不敲门，我凭什么认定你是一个有礼貌的人？所以，这个形式是要有的。

三、管理就是养根

地薄者大物不产，水浅者大鱼不游；树秃者大禽不栖，林疏者大兽不居。山峭者崩，泽满者溢。弃玉抱石者盲，羊质虎皮者柔。衣不举领者倒，走不视地者颠。柱弱者屋坏，辅弱者国倾。

土地贫瘠就不会生长值钱之物，河水窄浅就不会有大鱼游动，树枝光秃就不会有大鸟栖息，树林稀疏就不会有珍兽定居。山岩陡峭就容易崩塌，大泽水满就会外溢。舍弃玉石而拾取石头是眼瞎，把羊皮当虎皮会受到侮辱。领子不正则衣服容易走样，走路不看脚下则容易磕绊。梁柱太细则屋子容易倒塌，辅臣太弱则国家容易倾覆。

作为管理者，选人一定要谨慎，不能什么人都用。因为一个人如果根基不稳，你要花很长时间去为一些常识问题买单。

足寒伤心，人怨伤国。

脚下受寒，心肺受损。人心怀恨，国家受伤。

下面的人一旦没有行动力，就会损耗你的内核。"寒"，这里理

第六章 千年文化传承的机密

解为冻结。下面的人不动,上面的人一定是不行的。我们要把公司管理看成养生。

山将崩者下先隳,国将衰者人先弊。

大山将要崩塌,土质会先毁坏;国家将要衰亡,人民先受损害。

根枯枝朽,人困国残。与覆车同轨者倾,与亡国同事者灭。

树根坏了,大树一定枯死;百姓贫困,国家一定残败。与倾覆的车子走同一轨道的车,也会倾覆;与灭亡的国家做相同的事,也会灭亡。

这些都是铁律,放在哪个群体组织都是这样。比如,很多西方国家标榜自由、民主,大家看到什么了?只看到法律条款了,可以不讲诚信了,婚前协议签好就行了。那不是家,那是搭伙过日子。庆幸的是,我们的祖宗留下了几千年的华夏文明。

见已生者慎将生,恶其迹者须避之。

管理者不但要学习、总结经验,还要多看看历史。一个公司或许是一段历史时期的产物,不能代表什么。就好比,你能复制阿里巴巴吗?还是说你能创造下一个华为?格局不妨再大一些,一个公司就那么几十年。管理公司和治理国家都是一样的，治大国若烹小鲜，更何况是管理公司？

学习正史极其重要。像《资治通鉴》，在中国以及朝鲜半岛、日本列岛都产生了重要影响。面世之初就受到严格管控，禁止出口。高丽王派使臣苦苦哀求，即便是友好邻邦，也被宋廷拒绝。

越是秘不示人，越会引来觊觎之心，世间事莫不如此。宋廷对友好邻邦高丽尚且如此，日本只能望洋兴叹。很快，到了两宋之交，趁着时局动荡、战乱频仍，高丽与日本终于通过民间走私的方式先后得到了梦寐以求的《资治通鉴》。

再看现在，很多人看的那些影视剧连野史都算不上。

学习历史的目的是：见到已发生的事情，能够警惕未来还将发生类似的事情；预见险恶的人和事，基本上能判断出来，能够事先回避。

四、同频的天机

> 畏危者安，畏亡者存。

害怕危险，常能得安全；害怕灭亡，反而能生存。

很多人告诉你应该勇敢，还美其名曰敢于冒险。我反而想提醒你一句：对待自己的生命应当谨慎，你应该怕死。怕死不是胆小，而是对生命有敬畏之心。有了敬畏之心，才不会随意挥霍生命。

那些年纪轻轻，整天去网吧、夜店的人，伤了身体自己都不知道。年轻时精力旺盛，但你别忘了，宇宙万物的规律是物极必反。当你的身体到达巅峰的时候，也是先天机能开始亏损的时候，也是身体走下坡路的时候。

你怕死，你怕那烧红的铁烫手，才不会去摸一把。很多人说，恐惧这个情绪不好，胆子小这个性格不好。怎能说不好呢？胆子小，就意味着谨小慎微。你要善于发现自己的道，而不是重复别人的道。你是走运还是倒霉，都是有规律的。一个人的运气好坏，就看是不是依道而行。

> 夫人之所行，有道则吉，无道则凶。吉者，百福所归；凶者，百祸所攻。非其神圣，自然所钟。务善策者无恶事，无远虑者有近忧。

人应该走什么道呢？符合大道就顺利，不符合大道就危险。运气好的人，运气会越来越好；运气差的人，祸事都向他袭来。这并非有什么奥妙，而是自然之理。善于计划的人，坏事不会找上门；考虑不长远的人，会有操不完的烦心。

运气好，不是因为玄学，而是因为你过去的积累；有运气抓不住，不是因为倒霉，而是因为你有不好的种子。《西虹市首富》中的王多鱼，他要是拿20万踢假球，就有没有后面的10个亿、300个亿。

那么，在管理中如何应用呢？老子在《道德经》有这么一句话："天下之难事，必作于易；天下之大事，必作于细。"判断一个项目能否成功，判断一个团队是否尽职尽责，就看其认真谨慎的态度，而不是看感觉、博概率。要更细致、更谨慎，不打无准备的仗。

团队管理、社交合作，谈恋爱组建家庭，你会发现大多数问题都出在不够认真谨慎上。

可能有人会说：这么活着好没意思，什么都要活在框框里。还是那句话，你自己一个人，想怎么活就怎么活。但是，你融入群体，成为其中的一员，你还想活得舒坦，还想让别人服你，就只能这么办。

到底应该怎么做呢？请记住下面的方法：同频。

同志相得，同仁相忧。

相同的志向，便能相得益彰；同样的仁爱，便能互知忧乐。志同道合、志趣相投之人，便能互相帮扶。同样心怀仁善之人，也就能彼此了解，视对方为知己。

同恶相党，同爱相求。

同样恶行恶习之人，会结党谋私；有共同爱好之人，会互相求访。有相同的爱好才能走到一起，善恶皆是如此。善人在一起是相辅相成,恶人在一起叫臭味相投。

同美相妒,同智相谋。

同样姿色的美人会互生嫉妒,同样才智之人会相互较量。人往往如此,不与上比,不与下比,而是习惯与自己差不多的人比。只不过女人比美貌,男人斗智勇。

同贵相害,同利相忌。

同样显贵之人,尤其是地位相同的,会相互排挤打压。有共同利益追求之人,会彼此忌惮。这便是同行是冤家的道理。无论高官还是平民,皆是如此。

同声相应,同气相感。

有共同语言的人互相应和,会彼此亲近;有相同思想的人气息相合,会彼此感应。人与人能否做成朋友,就看是否气味相投。

同类相依,同义相亲。

相同类型的人能相互依附,追逐同一理想的人能互相亲近。人是群体性动物，在世间不可能形单影只地存在。因此，慢慢地形成圈子，圈子里基本都是相同类型的人。

同难相济，同道相成。

遭遇相似之人能相互理解、相互帮助；志同道合之人能相互帮扶，成就事业。

同艺相规，同巧相胜。

能力相近之人，会互相规正，学习对方精湛的地方，为己所用；技巧相近之人，会暗暗较劲，看谁能胜过对方。

此乃数之所得，不可与理违。

以上种种皆是天道规律，自古以来未曾改变。所以，为人处世不能做违背天理之事。

释己而教人者逆，正己而化人者顺。逆者难从，顺者易行。难从则乱，易行则理。如此理身、理家、理国，可也！

把自己放在一边，单纯去教育别人，别人不能接受；严格要求自己，进而去感化别人，别人则会顺服。作为领导，以身作则，再说大道理，别人才能听进去。我能够稳定地输出，我的读者才有安全感。我的账号没注明某某专家，我是用实打实的文字去连接我的读者。本质上，这也是"礼"。很多做自媒体的只教你怎么包装自己，却忘了用户真正需要的是稳定和安全感。

所以，我们要看背后的东西，即人心需要安全感。不要光说，要做。路遥知马力，日久见人心，这不是空话。

如果你违反常理，下面的人则难以顺从；合乎常理则办事容易。下面的人不听话，则生动乱；办事容易，则有秩序。

这是总结性的话，一一对照，你的管理是不是符合这些原则。作为管理者，要经常自我检查，即自查、自省。这是自然法则，不以人的意志为转移。

以上这些都是自然而然的道理。制定规章制度要遵守规律，不可与理抗争。

《遥远的救世主》中，丁元英为什么可以指定某只股票？不是他有神力，而是把规律烂熟于心，他对政治、经济了解透彻。所以，他指定的都能赚钱。我们是普通人，就做普通事。这些都是常识。《穷查理宝典》中查理·芒格的经历，才真的是人人都可以模仿的，是普通人可以走的路。可惜的是，贪嗔痴慢疑导致很多人不愿意做普通人。那些成功人士，你看到的只有他们不可逾越的家世背景，你认为他们是赶上时代的浪潮，而自己生不逢时。其实，都是找借口而已。

那些你都能做，只不过，你不愿意踏踏实实地研究马克思，不愿意踏踏实实地看新闻，不愿意踏踏实实地看历史，不愿意心无挂碍地帮助别人。解读到这里，我们发现，很多人成功并非靠天赋，也不是人人都含着金钥匙出生。所以，要成为高手，难度并没有那么大。我们需要重新认识自己的文化，种下希望的种子。如果从前没有，从现在，此时此刻，就发愿种下一颗。

第七章　终极管理秘密

这一章要讲重要内容：如何用好《素书》？你可能会说，你解析得有道理，但是总感觉缺了点儿什么。这部书不是天书吗？为什么看了你的解读，依然不知道怎么去用？

前面我提到过，智慧的成长是螺旋式，而不是像生命周期那样。用好《素书》帮助自己成长，也要遵循这个前提。

为什么大多数人卡在了第一层，整天在认知的层面打转？因为总想一步到位。这本身就是错误的认知。像我做圈子这个项目，先做1.0，然后不断去迭代优化思维。也就是说，道德仁义礼这五个环节，我们不要停留在一个层面，而是做完一轮，就去复盘优化。

很多人单独地去看道德仁义礼，这是不对的。"道"需要"礼"来固定，需要"义"来划分界限，需要"德"来增加行动力。五个元素不可分割。所以，这一章要从管理的角度来讲如何应用，如何统一价值观，让团队的人团结一致。

首先，就是筛选。看一个人，不用听这个人说什么。和他打一次交道，看看他的做事方式和思维模式。特定的事件能直接筛选出你需要的"仁"。像开车一样，初学者，一些坏毛病容易纠正，但是一旦上手，成为老司机，则很难改。思维是有惯性的。你想让自己后期势能强大，那你的规则必须依"道"而生，也就是靠思维惯性来筛选。

我做圈子即使免费，也没人会轻视我的内容。因为我从源头就做了筛选，进来的人即使跟我的学生学习，也至少要经历三次筛选。第一次筛选是加微信进群，第二次是参加考试，第三次是看群内的表现。每个人交的作业，其实我都在看。这就是基础。

如果选人不对，你把事情交给他，返工的概率很大。早年我在公司做管理，就认为自己什么人都能驾驭得了。当然，用手段肯定可以，但代价是特别累。所以，从源头就要做筛选，选择合适的，而不是优秀的。

这是第一步，以"德"入"道"。一个人自带强烈意愿的种子，就能在既定轨道上运转。就像地球围着太阳转，不是太阳许之以利益，或者用强光去压迫。

选择一个非常有才能的人员，但他和你磁场不合，理念价值观不合，他可能会给你带来价值，后面的伤害可能也很大。管理学有一种思维，认为什么人都可以用，人人都有优点，导致很多人强迫自己做圣人，忍着用这个人，美其名曰顾全大局。但实际上，你作为普通人，能做到这些的概率有多大？很多人说"严师出高徒"，其实，高徒是大前提。假如徒弟本身不愿意和师父一条心，那不可能教会。这是选人的层面。

作为普通人，想要走得远，快速迭代，就不要做无用功。坚持用这个顶尖人才，结果发现，他的出现耗费了你很大能量。目前可能是好的，但长远来看，弊大于利。学会找频率相同的人，其实是为了更大的自利。

为什么这么说呢？前面强调过，人生不是为了征服别人，而是找到频率相同的人，强强联合。要说捷径，这真的是捷径。走捷径的本质就是同频，然后共振。

我在这一章把五个要素进行闭环，你会恍然大悟（见图1.1）。

统一思想第一步：找频率。

第二步，设置规则。这个图是一个循环图，通过植入一个简单的"礼"的元素来成就"道"。当一群人入道，开始共振，就会形成"德"。我们可以理解为，场能开始形成。当做到了道和德，这个群体充满了能量，就开始知行合一，进而进化到"仁"的阶段。仁是人类才有的觉悟，动物只在道和德两个层面。大家一条心，想要做一些事情，因为志同道合。

所以，这个层面就是王阳明所讲的"知行合一"，佛家讲慈悲心。一个人能致良知，懂得道德廉耻，其实是进化到了"仁"的阶段。因为内心充满了能量，才能推动进化到"仁"的状态。如果还像动物一样，活在本能，就只能成为一个很厉害的动物。

很多人有钱，但是不能为社会做贡献，本质上和动物没太大区别。要么吃喝玩乐，要么空虚寂寞，得了心理上的疾病。只有钱，而没有使命感，就卡在最下面两层。

回到组织。到这一步，因为有了一群人给你制造场能，你的组织自然开始壮大，开始出现不同的声音。那怎么办？有人说，要有不同的声音，要允许言论自由。这个时候，就要坚定立场和把握尺度。

这就又回到第一个层面——道。不同的声音，比例大不大？比例不大，就睁只眼闭只眼；比例大，就要及时进行筛选。这个时候的规则是，筛选要根据比例。如果这些人留下，公司都不是你的了，没了生生不息，格局大有什么用？所以，道是变化的。在这个层面，知道自己要什么。

最后一层，是礼的打造。用礼来完成组织文化的固定，让组织按照既定的路线运转。改变一个人命运的只有习惯，对于一个组织来说，也是一样的。我要求每个人做功课，固定时间，这都可以让组织稳定下来。不要求完美，但一定是每个人都这么做。当大家都习惯了这个礼，组织就进入节能模式，就可以开启2.0进行迭代优化了。

总结如下：

（一）找磁场、能量场。

（二）连接场能获得能量。

（三）行动一小步，知行合一。

（四）调整立场，看看这个磁场是否还能满足你。

（五）习惯养成，进化完成。

对于个人成长而言，以上就是一条有效的路径。经历这五个环节，就是一次成长，然后开启新的循环。

我经常讲，挪动一小步，然后无限循环，而不是做得超级完美。你用"礼"去固定自己。所以，统一思想也好，价值观同步也好，是以筛选同频共振为基础。

有人可能会问：只用和自己差不多的人，虽然很舒服，但是会不会停滞不前？道理说得对，但我就是有野心，怎么办？

人都有欲望，如何才能实现欲望？其实，本质还是找和你差不多的人，同频共振，强强联合。当你的影响力变大了，那些有才能的人就会成为跟你共振的人。人的本性大都是"慕强"的，你强大了，他自己就跑过来找你了。这和我们的基础理论并不冲突。

同频共振，是做任何事情的捷径。不同频就是波峰对波谷，能量衰减，这是物理课上早就学过的内容。

第八章 《素书》心法：龙文化

读这一章，建议先观看电影《寻龙传说》。然后，我要讲一个不一样的文化，也是我们中华民族特有的文化。

翻开历史，你对四大古文明了解多少？古埃及、古印度、古巴比伦、中国，四大古文明曾经是灿烂般的存在，但只有中华文明延续下来。其他的要么湮没了，要么残缺不全。中华文明为什么行？

前面我提到了主观系统和客观系统，中华文明是主观系统和客观系统都在传承。之前我一直强调的是时间法则，强调积累、环境的力量，这是客观系统。但是，宇宙不只有客观，还有你的心，心的力量无比强大。就好比，一辆汽车你能否搬动？一般人是搬不动的。但如果你是一位母亲，汽车下面压的是你的小孩，你可能就搬得动。这就是心的力量，也是最容易被忽视的力量。

天地之间，因为有了仁，有了爱，主观世界和客观世界才得以连接，社会才得以进步。那么，问题来了，当客观环境崩塌了，怎么重建？答案是靠主观意识重建。比如，公司遭遇困境，难不成找个新环境？你是普通员工可以，但如果你是老板，撂挑子不干了吗？

这一章我要讲龙的精神，是以人的意志为转移，按照宇宙运行法则运行。人是万物之灵，人创造了这个世界；龙，也是宇宙主观世界运行的秘密，也是改变命运的秘密。

有人说，《寻龙传说》这部电影是美国人拍的，而且这条龙不是中国的龙。不要着急，这个问题后面会解释。

神龙是什么？龙是中华民族的图腾，我们为什么是龙的传人？龙的精神是什么？

龙是一种神奇的生物，能带来和平、雨水。"这里曾经是天堂"，《寻龙传说》这部电影，其实是在探索什么是龙的精神。

对于神，对于龙，大众普遍认为其不存在。最近这些年，凡事都讲究科学。科学本来是帮助我们认知这个世界，但是因为什么都要看得见，物极必反，人的思维开始固化，就像影片中的黑魔，所谓西方压倒东方。

黑魔代表什么？权力，金钱。石化，代表人的思维僵化，只愿意相信可以看得见的东西。就像很多人没有认识到中国文化内核时的状态，对这个社会很失望，认为前方没有路，不知道我们的文化是一代一代优化，才有几千年的传承。

电影中，黑魔和神龙就像太极之阴阳。人们曾经在神龙的引导下，过着天堂般的日子，但是不代表黑不存在，每个人都有黑暗的种子。争论几千年的人性，到底本善还是本恶？答案其实是太极图所示，你想让哪个占上风，你的世界就是什么样的。小到个体，大到国家，《易经》包含这样一个思想：风水轮流转。

包括我国的改革开放，打开国门，受西方文化的影响，人被金钱物化是必然的，就看这个风刮多久。而我们民族为什么几千年来没有被物化？就是因为有文化的根。

《道德经》《易经》《论语》《素书》这些典籍，有的是描述宇宙运行规则的，比如《论语》；有的是描述宇宙变化的大道，比如《道德经》；有的是把这种大道具象化，比如《易经》。

这些不变的东西留下来了，里面蕴含的文化叫"无极"，又会蓄积新的能量。就像神龙，把自己的魔法凝聚成一颗龙珠。因为这颗龙珠，所有石化的人再次苏醒，开始了解自己的祖国。这颗龙珠，就像我们的典籍，就像武侠小说中的武功秘籍。

因为这些典籍，我们本来应该继续往前走，却为了龙珠开始争斗。这里，我们要接受一个事实，就是对人、事、物认知的周期性变化。一个人没有吃饱之前，想的是吃饭，吃饱了就会想更多，比如权力、金钱、美色。没有实现财富自由之前天天想这些，实现之后，又生出新的烦恼，而且更多。反正钱越多越好，却不去考虑，真的超级有钱后，会生出什么事端，会失去什么。所以，智慧的人做决策，不仅考虑会得到什么，还要考虑得到什么必然失去什么。我最喜欢开的一个玩笑就是，有本事你躺平一个月试试，你会觉得躺平很无聊，要找点儿事做。

所以，宇宙万物都呈周期性变化，人与人的关系也一样，永恒的定义是周而复始。就像学习，不学觉得空虚，学多了，又觉得疲乏。事物发展就是这样，重要的是不断调整节奏。创业，或者谈项目，大多数人的思维是：好想一次搞定。其实，这次不行，下次继续，时间可以改变一个人的观念。

所以，我不断强调一个观点：做人做事不要做绝，风水是轮流转的。电影中，神龙带来了和平，但同时也滋长了人的贪念。这是符合太极图的。中华文明留给我们的这张图，蕴含着丰富的智慧。你也不要认为眼前的困难是困难，感觉天塌了，因为没有这个困难，还会有其他困难。

眼前的困难是最好的安排。当然，前提是你这个人没有死。就像神龙虽然消失了，但是他留下了元神，就是那颗龙珠。传说中，一个神仙，只要还有一缕元神，他就能复活。四分五裂不是件坏事。《三国演义》中最经典的一句话，"天下大势，分久必合，合久必分"，实际上说的就是事物发展的规律。我们或许有一天会见面，会成为很好的朋友，但关系再好，有一天也可能分开。但是，只要精神还在，总有一天，我们会以另外的形式再相聚。这个精神，就是龙的精神。

龙公主拉雅是怎么找到龙的精神的？要成为龙珠守护者，要经历考验。

拉雅是龙心族的公主，龙心族很富足，大家认为是龙珠起作用了。那到底是不是龙珠的作用？她的家族几代人都在守护龙珠，他们这个部落是富足的部落，但拉雅不认为是龙珠的原因。就像你拥有中华民族优良的种子，你生来就有优势，但是你不这么认为，我说的没错吧？

很多人生活得好，认为是自己努力的结果，而忽略了祖国这个大背景，你努力的基础是拥有文化这颗种子。很多人认为，赚大钱的都是遵从丛林法则，却不知他赚的每一分钱，本质上都是"仁义礼智信"的变现。

文化精神比钱更重要。放在从前，会有一群人说我站着说话不腰疼。钱怎能不重要呢？地位、权力怎能不重要呢？现在越来越多的人开始觉醒。

拉雅失去龙珠，再次寻找的过程，就是和龙珠精神连接的过程。此时此刻，我们是通过电影和龙的精神连接，这个过程会遇到很多困难。

首先，我们学习中国文化，不能否定西方文化。比如这部电影，确实拍得好，他们的表达更直白、更易懂。而我们的书籍如《道德经》，如果没人解读，不好读懂。这是中西方文化的差异，要取长补短。

我们是一个整体，都在地球上。这部电影背景设定是在东南亚，但是龙的文化追溯起来，中国是源头。现在没必要计较这个，我们用上就行，不必较真。地球村这个概念有了，就都行得通了，没有必要争第一还是第二，要有整体意识。

中国的龙文化源远流长，众多神话传说、考古发现等都指向一点：中国龙是世界上最早的龙，至少有8000年的历史。在辽宁察海遗址（距今 8000 年），发现了一条近 20 米长的石造龙。据史料记载，黄帝打败炎帝和蚩尤后，开始造龙。部落结盟时，他抽取各个部落图腾的一部分，组合成巨龙，距今已有 5000 多年。

人类世界，终极的理解是：相信。不是因为看见才相信，而是因为相互信任，才有了新的世界。

所以，整个世界的运行是建立信任体系。就像《素书》中讲，"信足以一异"，信任系统才是客观世界运行的系统。相信是主观，主观连接起来，就造就了新的世界。

员工因为相信你，才愿意为你工作；爱人因为相信你，你们才能长久。如果你把这些物化，员工因为钱才为你工作，你从这个角度去建设你的文化，员工也会因为钱离开你，永远有人给的工资比你高。

你去消费，有一家老店，你消费了 10 年，另外一家店，便宜一些，但是刚刚开业。如果是易耗品，几十块几百块，你可能选择新店。但是，如果是买贵的或大件，黄金珠宝、家用电器，你会去新店吗？

所谓品牌，其本质是信，信任的溢价是无限的。信任的基础是什么？就是安全和稳定。我们要明确，做事业也好，和人交往也好，获取财富也好，连接的本质是什么。

所以，答案出来了。让龙心族富足的是什么？就是信任系统带来的安全感。包括之前我反复提及的《西虹市首富》，大家不要把这部电影当成喜剧，它里面包含丰富的哲学道理。王多鱼二爷设置的规则，是不是让人学会信？

相信本身就是一种能量，相信是客观和主观连接的唯一因素，也是宇宙终极力量。包括权力、金钱，本质上都是信任的产物。没了信任，你就会失去所有。马斯洛需求层次理论，倒数第二层，就是安全需求。

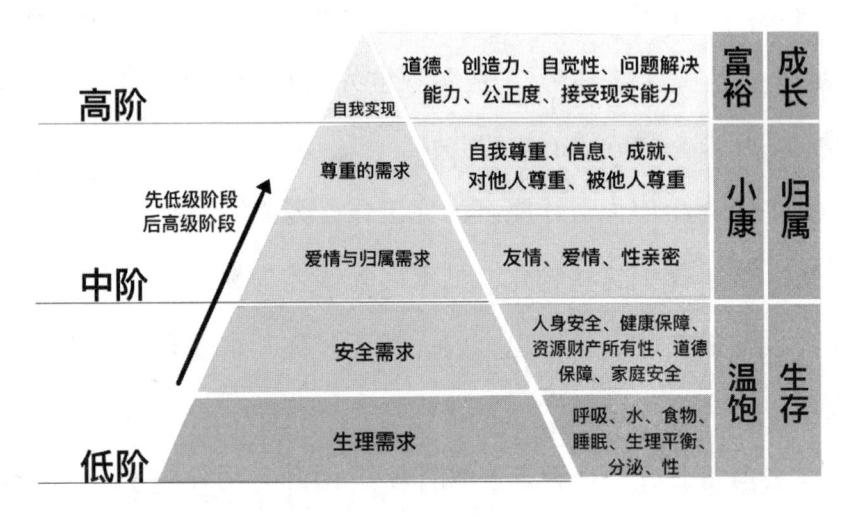

图8.1 马斯洛五个需求层次

为什么争斗会导致毁灭？邪不压正，又是为什么？因为邪恶崇尚的是权力、金钱，邪恶的信任系统和正义的信任系统不一样，是两个系统。《狂飙》中高启强为什么最后败给了安心？因为邪恶和正义，其信任系统的根基是完全不同的。邪恶输出的是权力、金钱，一些可以看得见的东西，正义的信任系统不是这些，邪恶会让系统毁灭。

但是，总要有人迈出第一步。当拉雅的父亲，龙心族的族长提出重建龙佑之邦，看看大家的反应："什么啊？别画大饼！"

拉雅遇到了她第一个朋友，她相信她，结果换来的是什么？她带着纳玛莉去看龙珠，结果遭到背叛。连接带来了灾难。所以，很多人害怕和人连接。一朝被蛇咬，十年怕井绳，害怕推开那扇门。其实，智慧就是一扇门，你推开了，或许马上面临灾难，但是也可能重生。每个人都有自己的立场，拉雅的父亲说，我们需要团结起来。

在众人眼里，这是喊口号。于是，大家一拥而上，龙珠被打破。这代表信任系统被打破，黑魔出来了。人与人之间没了信任，就没了能量，就没了灵，都会变成石头人。

拉雅父亲说："黑魔怕水。"《道德经》讲，上善若水。这个情景设定不是毫无缘由的。因为上善若水，这里就有水的影子。

拉雅在灾难之后，开始寻找真龙希苏。此刻的她，丧失了对身边人的信任。但是，她不相信，世界就不崩塌了？没有朋友的背叛，灾难就不会来？如果没有这次背叛，部落之间的问题就不存在？

所以，不要把责任归结到自己身上，或者某次事件上。事件只是导火索。如果没有这次背叛，距离寻龙可能还有几百年。不要害怕磨难，早到比晚到好。因为遭受背叛，所以走向寻龙的路。

面临困境的时候，不妨换一种心态。面临困境，代表真龙即将出现，你要觉醒了，兴奋吗？面临困境，意味着拐点到了。按照《易经》的说法，你即将进入另一个卦，而不是困在原来的卦里出不来。没有困境，你就会原地不动。所以，面临困境，我们要有大格局思维，从事物发展周期的角度去看待它。

困境意味着你的龙要出现了。困境你能顶住，活着就有希望。很多人遇到困境，把自己堵死了。只要不死，活着就是英雄。有多少企业家遭遇巨大挫折，走出来之后，反而更让人敬佩。所以，不要怕失败，不要怕犯错误，死了才憋屈。

希苏不是优秀的龙，但是他拯救了世界，这是事实。你也不优秀，但是你可能做大事。翻开历史，成事的人很多都不是特别优秀。

龙的精神散落在世界各个角落，不分国界。我们的文化也不是最好的，我们需要做的是，把中西方文化用我们自己的方式连接起来，重构新的世界。

希苏也遭遇了背叛和欺骗，但是这条小龙依然选择相信。就像你，不会因为被欺负了，就放弃自己的善良。拉雅不再相信，于是，希苏带她去了故事开始的地方。

你认为能力第一，选员工也是吧？交朋友也下意识靠近能力强的。可是，哥哥姐姐为什么把龙珠交给希苏？任何一个人都可以，为什么是他？因为他是龙，龙的精神是信任，他有相信的种子。所以，与人交往一定是看种子，而不是看利益。信任，可以换来无穷尽。

拉雅犹豫了，纳玛莉背叛过我，你让我怎么相信？原谅一个人需要理由，是不是？神龙告诉她：相信就是理由，不是因为看见才相信，而是因为相信才看见。

再看纳玛莉，因为不相信，所以走到了这一步。思考一下，背叛你的人，是不是他单方面的责任？单纯是人品问题？连接你们的是信任系统，还是利益系统？想清楚问题的源头。

希苏突然明白了，源头是信任系统有问题，互不信任才导致背叛。这就是因果。部落之间信任系统崩塌，所以，每个人都站在各自的立场。这就是希苏觉醒的一刻，如果彼此不信任，就是在消耗这颗龙珠。

最后，大家把龙珠碎片都交给纳玛莉，这个曾经的背叛者，而她本来是可以跑路的，但是她留下了。因为相信，可以唤醒良知，她选择和他们在一起，真龙复活。

手里的财富，很多人习惯攥住不放，那财富就是死的。财富像水，流水不腐，户枢不蠹。黑魔为什么怕水？因为流水可以改变世界，而黑魔是让人僵化。这叫作源动力，也是《寻龙传说》中最宝贵的东西——龙珠。

电影中，神龙希苏可能不是能力最强的那一个，但他是龙，拥有龙的信念。人生选择走什么样的路很重要，找到自己的根很重要。比如，王阳明所讲的致良知，《素书》所讲的道德仁义礼的螺旋式成长，都是让我们明确走什么样的路。

在选择上，我们知道了中国文化是最适合我们的。当你完整地看完我的解读，不管我的解读是否是黄石公原本的意思，至少，我们共同思考了。我在你的心中种下了一颗种子，它的名字叫中华文明。

附 张商英《素书》原序[①]

《黄石公素书》六篇，按《前汉列传》黄石公圯桥所授子房《素书》，世人多以"三略"为是，盖传之者误也。

晋乱，有盗发子房冢，于玉枕中获此书。凡一千三百三十六言，上有秘戒："不许传于不道、不神、不圣、不贤之人；若非其人，必受其殃；得人不传，亦受其殃。"呜呼！其慎重如此。

黄石公得子房而传之，子房不得其传而葬之。后五百余年而盗获之，自是《素书》始传于人间。然其传者，特黄石公之言耳，而公之意，其可以言尽哉！

余窃尝评之："天人之道，未尝不相为用，古之圣贤皆尽心焉。尧钦若昊天，舜齐七政，禹叙九畴，傅说陈天道，文王重八卦，周公设天地四时之官，又立三公以燮理阴阳。孔子欲无言，老聃建之以常无有。"《阴符经》曰："宇宙在乎手，万物生乎身。道至于此，则鬼神变化，皆不逃吾之术，而况于刑名度数之间者欤！"

黄石公，秦之隐君子也。其书简，其意深；虽尧、舜、禹、文、傅说、周公、孔、老，亦无以出此矣。

然则，黄石公知秦之将亡，汉之将兴，故以此《书》授子房。而子房者，岂能尽知其《书》哉！凡子房之所以为子房者，仅能用其一二耳。

[①] 张商英（1043—1121），字天觉，号无尽居士。新津（今属四川）人。北宋词人、书法家。支持王安石变法，后于大观年间担任宰相。曾为《素书》作注，并撰写序言。

《书》曰："阴计外泄者败。"子房用之，尝劝高帝王韩信矣；《书》曰："小怨不赦，大怨必生。"子房用之，尝劝高帝侯雍齿矣；《书》曰："决策于不仁者险。"子房用之，尝劝高帝罢封六国矣；《书》曰："设变致权，所以解结。"子房用之，尝致四皓而立惠帝矣；《书》曰："吉莫吉于知足。"子房用之，尝择留自封矣；《书》曰："绝嗜禁欲，所以除累。"子房用之，尝弃人间事，从赤松子游矣。

嗟乎！遗糟弃滓，犹足以亡秦、项而帝沛公，况纯而用之，深而造之者乎！

自汉以来，章句文辞之学炽，而知道之士极少。如诸葛亮、王猛、房乔、裴度等辈，虽号为一时贤相，至于先王大道，曾未足以知仿佛。此《书》所以不传于不道、不神、不圣、不贤之人也。

离有离无之谓道，非有非无之谓神，有而无之之谓圣，无而有之之谓贤。非此四者，虽口诵此《书》，亦不能身行之矣。

后 记

首先,我要感谢我的团队。直至今日,我们尚未谋面。或许,这本书的出版,将会促成我们首次的见面。

他们无条件地支持,让我相信,《寻龙传说》中的龙佑之邦一定会重现。上下五千年的华夏文明,一定会再次光芒万丈。

感谢书法老师刘京为本书初稿做的努力,没有她,我的灵感无法收集。感谢00后小柠,她就像是我的坤卦。还有大哥林鹤、漂亮妈妈姜姜、灵动可爱的小艺、知书达理的慧慧,他们让我看到中华民族在我们身上种下的不可磨灭的良知的种子。感谢成婷,如果没有她的牵线搭桥,我的稿件可能会石沉大海。

古人云:"教学相长。"《〈素书〉新视角》的成书是我始料未及的,也是应大家的需求而生的。我在写作的过程中,也完成了自我救赎和蜕变。

最后,感谢所有支持我的人。或许在未来,还会有《〈道德经〉新视角》《〈论语〉新视角》。总而言之,对于中华文化这一人类文明的瑰宝,希望我的解读能带来新的思考。

2023 年 4 月 23 日于广州

图书在版编目（CIP）数据

《素书》新视角 / 千面，江上著. -- 北京：世界知识出版社，2024.7

ISBN 978-7-5012-6705-7

Ⅰ.①素… Ⅱ.①千…②江… Ⅲ.①《素书》—研究 Ⅳ.①E892.33

中国国家版本馆CIP数据核字（2024）第002781号

《素书》新视角
Sushu Xin Shijiao

著　　者	千面　江上
责任编辑　薛　乾	特邀编辑　杨　娟
责任出版　李　斌	
装帧设计　周周设计局	内文制作　宁春江
出版发行	世界知识出版社
地　　址	北京市东城区干面胡同51号（100010）
网　　址	www.ishizhi.cn
联系电话	010-65265919
经　　销	新华书店
印　　刷	廊坊市海涛印刷有限公司
开本印张	710×1000 毫米　1/16　13.5印张
字　　数	138千字
版次印次	2024年7月第一版　2024年7月第一次印刷
标准书号	ISBN 978-7-5012-6705-7
定　　价	25.00 元

（凡印刷、装订错误可随时向出版社调换。联系电话：010-65265919）